KB038194

반려견 예절교육

CGC (Canine Good Citizen)

Jack Volhard 저 | 김병부 편역

박영story

편역자 서문

1만여 년 전, 늑대들이 있었다.
두 갈래로 나뉘었다.
늑대, 지금까지 살던 곳에서 우리끼리 살아갈 것이다.
개, 인간사회에서 사람들과 함께 살아갈 것이다.

개, 1만 년 동안 가축으로 그리고 겨우 몇 십 년간 애견으로 존재했다.
애견이라는 이름이 익숙해질 무렵 반려견으로 변신했다.
대한민국, 개의 정체성 변화에 혼란스럽다.
반려견 문화가 방향을 잡지 못하고 방황한다.

이 책의 원서를 접하고 놀랐다.
우리나라에도 이 책이 필요할 날을 기다렸다.
2019년, 마침내 CGC의 시대가 도래하였다.
선진외국의 경험을 도입하여 시행착오를 줄이고자 한다.

세계적인 반려견 교육자로서 최고의 권위를 가진 저자의 책을 소개한다.
누구나 CGC에 성공할 수 있도록 교육방법이 상세하게 설명되어 있다.
반려견의 성격을 파악할 수 있는 방법이 설명되어 있다.
앞으로도 오랫동안 유용할 것이다.

이 책을 흔쾌히 출판해주신 박영스토리에 감사드립니다. 특히, 섬세한 손길로 편집을 도와주신 박송이 님, 성심껏 그림을 그려주신 삽화가 님, 판권 섭외에서 홍보까지 적극적으로 도와주신 송병민 · 김한유 님께 감사드립니다. 또한 CGC에 담긴 철학에 대하여 함께 고민한 이영수 님께 감사드립니다.

2019. 3. 28.

차례

CHAPTER 01

CANINE GOOD CITIZEN

CGC 의미와 발달

교육을 받지 않은 강아지[1]들은 행동의 자유가 박탈된다. 손님이 왔을 때 예의 없는 행동을 하므로 견사에 가두어지고, 가족식사 시간에는 음식을 달라고 애걸하기 때문에 집 밖에 있어야 하고, 산책할 때는 줄을 심하게 당기므로 동행할 수 없다.

반려견[2]의 기대수명이 20년에 이르고 있다. 그들의 행복한 삶을 위하여 생활에 필수적인 행동방법을 교육해야 한다. 우리가 염원했던 바람직한 반려견의 모습을 만들어 주는 CGC 교육이 효과적이다.

CGC(Canine Good Citizen)는 1989년에 시행된 후 10년 만에 100만 두 이상이 자격을 취득한, 미국애견연맹 130년 역사상 최고의 반려견 교육프로그램이다. 즉, 인간사회에 적합한 행동으로 여러 사람들 그리고 개들과 공생할 수 있는 반려견을 뜻한다. 우리가 선망하는, 아이들과 잘 지내고 이웃에게 환영받는 반려견의 모습이다. 이러한 CGC가 되기 위해서는 정해진 시험에 합격해야 한다.

1 이 책에서 강아지는 나이와 상관없이 사랑스러운 개의 총칭

2 동물행동학자 Konrad Lorenz가 제시, 인간의 공간에서 함께 생활하는 개

CGC는 반려견을 안전하게 지키며 보호자에게는 심리적 안정을 주고 나아가 이웃에게는 존중을 받도록 하는 교육이다. CGC 자격을 받은 강아지는 반려견의 완전한 모습에 가까워진다. 그들은 다른 개와 사람 사이에서 올바르게 행동하므로 어디서나 환영받는다. 가족의 일원으로서 보호자와 산책하고, 여행을 가고, 소풍을 가서 즐거움을 함께 느낄 수 있다.

CGC 시험은 10가지 실습을 통해 인간사회 생활에 적합한 강아지의 행동능력을 평가한다. 시험의 목적은 반려견이 사회의 일원으로서 가정과 사회에서 다른 사람들에게 좋은 행동을 할 수 있는지 검증하는 것이다. 시험은 각 항목에 대하여 합격과 불합격 여부를 결정한다.

CGC 프로그램은 AKC[3] 부회장을 역임한 James E. Dearinger이 개발했다. 많은 사람들이 비슷한 제안을 했었지만 그가 오리지널 테스트를 만들고 나아가 AKC에서 채택하도록 심혈을 기울여 노력했다.

CGC의 기본철학은 모든 개들이 교육을 받아야 하고, 보호자들은 자신의 반려견에 대한 책임의식을 가져야 한다는 것이다. 따라서 AKC에서 펼치는 사업 중 유일하게 참가견의 순종 여부를 차별하지 않는다.

AKC 사업부는 CGC 제도를 시행하고 2년 후 4,000여 관련 단체에 이 프로그램에 대한 평가와 검토를 요청했다. 그 결과는 전문위원들에 의하여 정교한 점검을 거쳐 반영되었다. 여기에는 CGC의 발전을 위해 헌신적으로 노력한 Mary R. Barch의 공이 컸다.

CGC는 1989년 9월 1일에 시작되어 AKC 역사상 가장 빠른 속도로 성장한 인기 있는 프로그램이다. 또한 장애우 도우미견, 매개치료견 등 봉사활동을 하는 여러 단체에서 CGC를 활용하고 있다.

---

3 American Kennel Club : 1884년에 설립된 미국의 세계 최대 반려견 단체

CGC는 플로리다를 시작으로 2015년 41개 주의회에서 반려견 보호자의 책임의식 장려와 공동체에서 필요한 반려견 행동을 가르치는 방법으로 지지되었다. 오늘날 CGC 프로그램은 많은 반려견 교육단체에서 활용하고 있으며 시험자체가 도그쇼에서 인기 있는 공연이 되었다. 유럽과 미주, 아프리카 등 세계 여러 나라의 반려견 단체에서도 CGC 시험을 활용하고 있다.

CGC는 강아지의 안정적인 정서와 반려견에게 필요한 매너 그리고 보호자가 강아지에 대한 책임감을 가지도록 하는 프로그램이다. 강아지에 대하여 책임의식을 가진 보호자들은 반려견의 인식을 좋게 만들고, 모범적인 보호자의 모습을 갖추기 위해 CGC 프로그램을 활용한다.

모든 강아지는 CGC가 될 수 있도록 적절한 교육을 받아야 한다. 교육받은 반려견들이 많아질수록 비애호인들의 반려견에 대한 반감은 줄어든다. 비애호인들의 반감은 반려견 보호자들의 무책임한 행동에서 초래되었으므로 이는 보호자들의 책임감 있는 행동으로 개선될 수 있다. 우리는 강아지에게 CGC 교육을 통하여 개인의 바람직한 반려견이면서 또한 사회의 훌륭한 구성원이 될 수 있다는 사실을 보여줄 수 있다.

02 CGC 시험과목

미지인의 접근에 대한 긍정적 수용

낯선 사람이 다가와 보호자와 자연스럽게 대화할 때 강아지는 얌전히 기다려야 한다. 심사위원은 강아지에게 무관심한 채 보호자와 친근하게 인사를 나눈다. 심사위원과 보호자는 악수하고 안부를 묻는다. 강아지는 앉은 상태에서 경계심이나 수줍음을 보이지 않고 움직이거나 심사위원에게 다가가지 않아야 한다.

미지인의 접촉에 대한 긍정적 수용

강아지가 보호자와 같이 있을 때 낯선 사람이 다가와 만져주는 것을 수용해야 한다. 강아지가 보호자 옆에 앉아 있는 상태에서 심사위원이 강아지의 머리와 몸을 만진다. 보호자는 시험 중에 강아지를 격려할 수 있다. 심사위원은 강아지를 만진 후 강아지와 보호자 주위를 한 바퀴 돌고 시험을 마친다. 강아지는 경계심이나 수줍음을 보이지 않아야 한다.

미지인에 의한 그루밍 수용

강아지가 미용사의 그루밍이나 수의사의 진찰 행동을 수용해야 한다. 이 과정에서 강아지에 대한 보호자의 애정과 책임의식을 판단할 수 있다. 심사위원은 강아지가 청결하게 관리되어 있는지 점검한다. 강아지는 적당한 체중, 청결 그리고 활동성이 좋은 상태로 건강해야 한다. 보호자는 일반적으로 사용하는 빗이나 브러쉬를 심사위원에게 제공한다. 심사위원은 가볍게 빗질하고, 귀를 점검하고, 앞다리를 하나씩 들었다 놓는다. 강아지는 이때 특별한 자세를 취할 필요는 없으며 보호자는 강아지를 격려할 수 있다.

보호자와 동행

보호자가 강아지를 리드할 수 있어야 한다. 보호자는 강아지를 원하는 쪽에 둘 수 있다. 강아지는 보호자의 움직임과 방향전환에 순응해야 한다. 다만 강아지는 보호자와 나란히 걷지 않아도 되고 보호자가 멈출 때 '앉아' 자세를 취하지 않아도 된다. 심사위원은 이동로를 S자 형태로 미리 정하거나 보호자에게 말로 안내할 수 있다. 어떤 방법이든 좌회전 1회, 우회전 1회, 유턴 1회, 중간에 정지 그리고 마지막에 정지해야 한다. 보호자는 시험 중에 강아지를 격려할 수 있다. 보호자는 정지할 때마다 강아지를 앉혀도 무관하다.

군중 사이 이동

강아지가 인도와 공공장소에서 얌전히 이동할 수 있어야 한다. 보호자와 강아지가 3명 이상의 사람 곁을 가까이 지나간다. 강아지는 사람들에게 약간의 관심을 보일 수 있지만 경계심이나 수줍음을 보이지 않아야 한다. 보호자는 시험 중 강아지를 격려할 수 있다. 어린이도 보조자로 참여할 수 있지만 자신의 역할에 대하여 사전에 교육을 받아야 한다. 다른 사람의 강아지도 1두는 허용되지만 견줄에 채워진 상태로 얌전해야 한다.

‘앉아’, ‘엎드려’, ‘기다려’

강아지는 보호자의 ‘앉아’와 ‘엎드려’ 실행어[4]에 동작을 수행하고 지정된 곳에 가만히 있어야 한다. 강아지의 기다리는 자세는 ‘앉아’나 ‘엎드려’ 중 보호자가 선택한다. 보호자는 시험이 시작되기 전에 6m 견줄로 바꾼다. 보호자는 강아지에게 ‘앉아’와 ‘엎드려’를 요구하는데 실행어는 반복하여 사용할 수 있다. 심사위원은 강아지가 보호자의 실행어에 응하는지 판단한다. 보호자는 강아지를 강제로 앉게 하거나 엎드리게 할 수 없지만 부드럽게 만져 도와줄 수 있다. 보호자는 심사위원의 지시에 의하여 강아지에게 ‘기다려’ 후 6m 줄을 잡고 앞으로 이동하여 줄 끝에서 자연스런 속도로 돌아온다. 줄은 제거하거나 떨어뜨리면 안 된다. 강아지는 남겨진 위치에서 심사위원의 지시 전까지 이동하면 안 된다. 다만 자세를 바꾸는 것은 허용된다.

‘와’

강아지는 보호자가 부르면 와야 한다. 앞 과정 시험에서 썼던 6m 줄을 이용한다. 보호자는 강아지로부터 3m 이동한 후 뒤돌아 선 상태에서 강아지를 부른다. 보호자는 몸동작과 실행어를 사용하여 강아지를 부를

---

4 반려견과 보호자의 관계를 고려하여 명령어에 대한 대체용어

수 있다. 보호자는 강아지로부터 이동할 때 '기다려' 실행어를 사용하거나 아무 말 없이 걸어가도 된다. 강아지는 앉거나, 엎드리거나, 서 있을 수 있다. 강아지가 보호자를 따라가면 심사위원이 막을 수 있다. 이 시험은 보호자가 강아지를 부를 때 오는 것과 다가온 후 가만히 있는 상태를 판단한다. 강아지가 보호자에게 온 후 보호자가 견줄을 채우면 완료된다.

타견에 대한 긍정적 수용

강아지가 다른 개들에게 적절한 행동을 해야 한다. 강아지를 동반한 다른 사람이 1m 정도 거리를 두고 다가와 보호자와 악수하고 인사한 후 5m 정도 이동한다. 강아지는 다른 개에게 약간의 관심 이상을 보이면 안 된다. 또한 다른 개와 사람에게 다가가지 않아야 한다.

환경자극에 대한 적응

강아지가 일상에서 흔히 만날 수 있는 환경 자극에 대하여 적응능력을 가져야 한다. 강아지들이 민감하게 반응하는 시각과 청각 자극에 대한 감응도를 점검한다. 심사위원은 다음 상황 중 2가지를 선택한다.

- 강아지 앞에서 목발, 휠체어 또는 워커를 이용하여 걸어오는 사람
- 강아지 앞에서 달려오는 사람
- 강아지 3m 이내로 장난하거나 흥분한 목소리로 말하며 지나가는 사람들
- 강아지 3m 이내로 카트를 밀고 접근하는 사람
- 강아지 2m 이내로 자전거를 타고 오는 사람
- 강아지 근처에서 갑자기 문을 열거나 닫음
- 강아지 3m 뒤에서 큰 책을 떨어뜨림
- 강아지 2m 이내에서 의자를 넘어뜨림

강아지의 자연스러운 관심, 호기심, 약간 놀란 듯 흠칫하는 행동은 괜찮지만 당황, 짖음, 공격, 도주행동 등은 보이지 않아야 한다. 보호자는 시험이 진행되는 동안 강아지를 격려할 수 있다.

미지인 감독 하 대기

강아지가 모르는 사람과 남겨진 동안 얌전히 있어야 한다. 심사위원이 "강아지를 지켜드릴까요" 하고 물어보면 보호자는 1.8m 줄에 채워진 강아지를 심사위원에게 넘긴 후 보이지 않는 곳으로 가서 3분 동안 숨어 있는다. 강아지가 지속적으로 짖거나, 낑낑거리거나, 울거나, 걸어 다니는 것과 같은 불안해하는 행동을 하지 않아야 한다. 이 과정에서는 강아지가 앉거나 서 있거나 눕거나 자세를 바꿀 수 있지만 그

자리에 있어야 한다. 이 항목은 보호자의 강아지에 대한 교육정도와 강아지의 적절한 행동능력을 판단한다. 심사위원은 CGC 시험항목 외에 다음 사항들도 파악해야 한다.

- ◦ 이 강아지를 내가 갖고 싶은 정도로 행동이 좋은가?
- ◦ 이 강아지는 어린이들 주위에서 안전할 것인가?
- ◦ 이 강아지는 나의 이웃으로서 환영할 수 있는가?
- ◦ 이 강아지는 보호자와 행복하고 타인에게 피해를 주지 않을 수 있을 것인가?

CGC 응시

시험규정

CGC 시험 순서는 주관하는 단체가 융통성 있게 진행하지만 일반적으로 다음과 같다.

1. 미지인의 접근에 대한 긍정적 수용
2. 미지인의 접촉에 대한 긍정적 수용
3. 미지인에 의한 그루밍 수용
4. 보호자와 동행
5. 군중 사이 이동
6. '앉아', '엎드려', '기다려'
7. '와'
8. 타견에 대한 긍정적 수용
9. 환경자극에 대한 적응
10. 미지인 감독 하 대기

- 시험은 합격 및 불합격 시스템이고 자격을 취득하려면 10개 항목 전체에 합격해야 한다.
- 일반적으로 3명의 심사위원이 진행한다. 1 심사위원은 1 ~ 3 항목, 2 심사위원은 4 ~ 9 항목, 3 심사위원은 10 항목을 진행한다.
- 응시견이 시험 중 배변하면 자동 불합격이다. 다만 10 항목이 실외에서 진행되면 예외이다.
- '미지인 감독 하 대기' 시험은 다른 응시견들 주위에서 동시에 진행될 수 있다.
- 시험이 진행되는 동안 간식 제공은 금지된다.
- 응시견이 다른 사람이나 개에게 으르렁거림, 달려들기, 물기와 같은 공격성을 표현하면 불합격이다.
- 보호자는 시험 전 광견병, 예방접종 등 필요한 서류를 제출해야 한다.

CGC 시험을 준비하는 보호자

- 보호자는 긴장완화를 위해 응시 전에 시험 과정 전체를 연습한다. 응시견보다 보호자에게 필요하고 미흡한 부분을 보완할 수 있는 기회이다.
- 시험일 전에 응시견을 목욕시키고 세밀하게 그루밍한다.
- 시험에 필요한 용품은 허용되는 가죽이나 천으로 만들어진 것을 준비한다.
- 응시견이 시험장에서 배변하면 불합격이므로 시험 전 해소시킨다.

- 시험 전 보호자와 응시견의 긴장완화를 위해 준비운동을 한다.
- 보호자는 시험 중 필요할 경우 실행어를 반복 사용한다.
- 보호자는 시험 중 강아지를 격려하거나 주의를 집중시킨다.
- 보호자는 시험과정이나 심사위원 지시를 이해하지 못할 경우 심사위원에게 문의한다.
- 시험장에서는 응시견의 견줄을 느슨하게 유지한다. 줄이 팽팽하면 불합격은 아니지만 보호자의 응시견에 대한 교육수준을 평가하는 데 영향을 줄 수 있다.
- 보호자의 태도와 마음가짐은 시험 결과에 큰 영향을 준다. 보호자가 긴장하면 실수할 수 있으므로 지금까지 노력한 과정을 믿고 자신감을 가진다.
- 항상 정정당당한 품행을 유지한다.

- 응시견이 불합격했을 때 화를 내거나 실망한 태도를 보이지 않는다. 강아지에게 이 모든 경험이 불쾌하게 기억될 것이다.
- 응시견은 보호자의 태도를 현재 상황과 관련지어 생각하므로 실망이나 불만이 있어도 인내해야 한다.
- 보호자는 응시견을 무기력하거나 불안하게 만들지 말고 교육과정을 검토하여 실패한 부분을 보완하고 재시도한다.
- 응시견이 자신감을 가지지 못하면 교육은 더 오래 걸릴 수 있다. 보호자는 자신의 역할이 응시견을 격려와 칭찬으로 도와주는 것이라는 사실을 기억해야 한다.
- 보호자들이 평소에 하지 않던 행동을 시험 중에 하는 것을 보면 놀랍다. 이것은 응시견을 혼란에 빠트리므로 평소에 하지 않았던 행동은 삼가야 한다.
- 보호자는 CGC의 목적을 기억하고 반려견의 친절한 후원자로서 역할을 다한다.

◎ CGC는 AKC에서 가장 빠르게 성공한 반려견 교육 프로그램이다.
◎ CGC는 반려견에 대한 비애호인들의 반감을 줄일 수 있는 최선의 방법이다.
◎ 반려견에 대한 우호적 인식은 보호자들의 책임감 있는 행동에 따른다.
◎ CGC는 사람들과 다른 강아지, 가정, 공공장소에 적합한 행동을 한다.
◎ CGC는 반려견의 교육정도에 대한 10가지 실습항목으로 구성되어 있다.

야~신난다~
너무 좋다
?

CHAPTER 02

반려견의 행동

반려견의 행동 발달

강아지는 태어나서 성견이 될 때까지 성장 시기에 따라 특정한 행동이 발달한다. 그 결과에 의하여 개별적인 품성을 가지게 된다.

사회성 7 ~ 12주

모견은 강아지가 생후 5주에 이르면 바른 행동을 가르친다. 강아지가 허용되지 않는 행동을 보이면 모견이 으르렁거리거나 이빨을 보이거나 물기도 한다. 이유기에는 엄마를 가만히 놔두도록 가르친다. 강아지들은 몇 번 시도 후 엄마의 표정을 살피기 시작한다. 모견으로부터 이와 같은 교육을 받지 못한 강아지는 성장 후 보호자의 질책을 받아들이기 어려울 수 있다.

엄마 개는 강아지에게 리더에 대한 존중을 가르친다.

강아지가 자신의 엄마와 형제들에게서 이별하는 시기는 반려견으로서 갖추어야 할 중요한 성격이 형성되는 데 영향을 준다. 생후 7주는 강아지의 감각기능이 발달하고 사람과의 관계가 형성되므로 보금자리를 떠나 새로운 집으로 가기에 적당하다. 그 전에 가족과 헤어지게 되면 좋지 않은 행동이 생길 수 있다. 보호자에 대한 과잉집착, 다른 개들에 대한 공격성, 불안 그리고 지속적인 짖음 등이다.

강아지가 엄마나 형제와 12주 넘도록 같이 생활할 경우에는 강아지의 사회화 능력이 과도하게 단순해질 수 있다. 이런 강아지는 하루가 지날 때마다 새로운 환경에 적응할 수 있는 능력을 조금씩 잃어간다. 그 때문에 사람과 좋은 관계를 맺기가 어렵거나 불가능할 수 있으며 또한 자신의 행동을 관리하는 능력에 문제가 생길 수 있다. 이런 강아지는 사람 가족에게 신경을 안 쓰므로 가정에 길들이는 교육이 어려울 수 있다.

개는 사회적 동물이므로 만족스러운 반려견이 되려면 생후 7주에서 12주 사이에 보호자, 보호자 가족, 다른 사람 그리고 다른 개들과의 사교가 필요하다. 그렇지 못한 강아지는 다른 사람과 개들 사이에서 겁을 먹거나 공격적으로 변해 행동을 예측하기 어렵다. 이 시기에 강아지가 어린이들과 접촉을 많이 못 했다면 어린이와 함께 있는 것은 위험하다.

다양한 사람과 만남

강아지는 생애 동안 자신에게 중요한 영향을 미치는 상황들과 자주 만나고, 좋은 경험을 쌓아야 한다. 손주들이 가끔 찾아오는 할아버지나 할머니는 자신의 강아지가 어린이들과 자주 만날 수 있게 해주어야 한다. 보호자가 독신이지만 집에 찾아오는 친구들이 있다면 다른 사람 특히 이성을 만날 수 있는 기회를 주어야 한다. 도그쇼와 같은 많은 개들이 있는 행사에 참가할 계획이면 다른 개들과 사교할 수 있는 기회를 충분히 제공해야 한다. 강아지와 가족 나들이나 휴가를 함께 갈 생각이면 자동차에 타는 것을 가르쳐야 한다.

강아지의 어린 시절에 투자한 시간과 노력은 훗날 사회생활에 원활히 적응하는 반려견의 모습으로 나타날 것이다. 이 시기는 강아지가 보호자를 잘 따를 때이므로 좋은 관계를 맺고, 바람직한 반려견이 되도록 한다.

공포감 8 ~ 12주

이 시기의 정신적 충격은 평생 후유증으로 남을 수 있으므로 강아지에게 나쁜 경험을 주지 않아야 한다. 동물병원에 강아지를 데려갈 때는 진찰 전, 진찰 중 그리고 진찰 후에 간식을 주어 좋은 경험으로 남도록 한다. 심한 스트레스나 불쾌한 경험은 강아지의 생애를 망칠 수 있다.

강아지는 12주가 지난 후에도 1년까지는 때때로 공포반응을 보일 수 있다. 이럴 경우 강아지를 공포 대상에 데리고 가면 안 된다. 그렇다고 강아지를 만져주거나 안심시키는 것도 좋지 않다. 강아지에게 지금 하고 있는 행동이 괜찮다는 인식을 줄 수 있기 때문이다. 차라리 강아지가 좋아하는 것으로 주의를 돌려 겁먹은 행동이 사라지게 하는 편이 낫다.

독립성 4 ~ 8개월

강아지는 생후 4개월에 이르면 바깥 세상에 대한 호기심이 많아진다. 지금까지는 보호자가 부를 때마다 기꺼이 왔지만 이제 여기저기 다니며 탐색하는 행동을 한다. 강아지가 성숙해지고, 독립성이 생기는 정상적인 행동발달 과정이다. 강아지가 보호자에게 심술을 부리거나 반항하는 것이 아니라 성장하고 있다는 증거이다.

강아지가 도망가면 쫓아가는 행동을 하면 안 된다. 강아지의 반대 방향으로 이동하여 보호자를 따라오도록 유도하거나, 땅에 앉아서 흥미로운 것을 발견한 것처럼 행동하여 강아지를 오게 한다. 만약 이 방법도 효과가 없어 강아지에게 가야 할 경우에는 천천히 다가간다.

이 시기에는 '와' 동작을 배울 때까지 한정된 공간에 놔두는 것도 방법이다. 보호자가 불렀을 때 오지 않는 나쁜 버릇이 생기거나 위험에 노출되는 것보다 나을 수 있기 때문이다. 보호자가 부를 때 오지 않는 행동이 반복되면 교육시키기 어려우므로 도망가는 버릇이 생기기 전에 '와'를 가르치는 것이 현명하다.

자주성 1~4년

보호자는 자신의 강아지가 항상 귀엽고 조그맣게 있기를 바라지만 그 희망과 달리 성장하게 되어 있다. 성장률은 견종마다 다르지만 일반적으로 대형일수록 성견이 되는 데 기간이 더 걸린다. 이때에 강아지들에게는 육체적, 정신적으로 큰 변화가 일어나는데 가장 중요한 것은 보호자에 대한 관계의 변화이다. 강아지가 보호자의 리더십을 무시하고 주도권을 잡으려 한다. 이 또한 정상적인 발달과정으로 인정하고 72쪽에 소개되는 리더십 교육을 한다.

02 반려견의 행동 이해

강아지들은 개별적으로 유전된 독특한 성격을 가지고 태어난다. 그 성격들의 특성과 강도는 본능의 구성요소에 따라 달라진다. 강아지가 조상으로부터 물려받은 본능 중 이 교육에 관계된 것을 고르면 음식욕구, 무리욕구, 방어욕구 3가지가 있다.

음식욕구

무리욕구

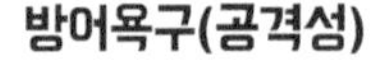

방어욕구(공격성)

방어욕구(도망)

행동에 대한 욕구 분류

음식욕구

사냥하고 섭식하는 것과 관계된 행동들이다. 이것은 움직임과 소리 그리고 냄새에 의해 유발된다. 보는 것, 듣는 것, 냄새 맡는 것, 추적하는 것, 몰래 접근하는 것, 쫓는 것, 달려드는 것, 높은 음조로 짖는 것, 점프하는 것, 무는 것, 죽이는 것, 흔드는 것, 물어뜯는 것, 운반하는 것, 먹는 것, 땅을 파는 것, 묻는 것 등이다. 이 행동은 개가 고양이를 쫓거나, 흥분하거나, 나무로 올라간 고양이를 보고 높은 톤으로 짖을 때 쉽게 볼 수 있다. 또는 강아지가 장난감을 흔들고 물어뜯거나 과자를 소파에 묻는 모습으로 나타난다.

무리욕구

집단생활과 종족유지에 관계된 행동들로 이루어져 있다. 개는 늑대로부터 진화한 사회적 동물이다. 늑대들은 자신들보다 큰 먹잇감을 사냥하기 위해 무리지어 생활하는데 여기에는 엄격한 질서가 필요하다. 한 마리의 늑대가 집단의 일부로 순응하는 것처럼 개도 가족의 일원으로서 체계를 따르게 된다.

무리욕구는 계층구조에서 서열에 의해 자극된다. 신체적 접촉, 다른 개들과 놀이, 핥기, 올라타기, 구애행동과 같은 행동으로 나타난다. 양육행동이나 좋은 부모견이 되는 것 역시 무리욕구의 일부이다. 이 욕구가 강한 강아지는 보호자를 잘 따라다니고, 보호자와 함께 있을 때 안정감을 느끼며, 만져주고 손질해 주는 것을 좋아하고, 사람과 함께 행동하는 것을 좋아한다. 그러나 과도한 강아지는 혼자 남겨지면 우울해지거나 심한 경우 '분리불안'을 느낄 수 있다.

방어욕구

이 욕구는 자신을 보호하기 위한 것으로 공격과 도주행동으로 이루어져 있다. 동일한 자극에 대하여 공격하거나 회피한다. 공격행동은 일반적으로 미성견 시기에는 완전히 발현되지 않지만 일부 성향이 나타나기도 한다. 이 행동은 '강자(强者)'가 다른 개를 쳐다보거나 자신을 뽐내고 싶을 때 쉽게 볼 수 있다. 이들은 굴복하지 않고, 낯선 곳에 접근하고, 자신의 음식이나 영역을 다른 개들이나 사람으로부터 지키고, 만져주거나 손질해 주는 것을 싫어하고, 집안의 출입구를 차지하려 한다.

도주행동은 강아지가 불안하다는 것을 보여준다. 목과 온몸의 털이 서고, 새로운 환경에서 숨거나 회피하고, 낯선 사람의 접촉을 싫어하고, 자신감이 부족한 행동을 한다. 꼼짝 안 하는 행동도 억제된 도주행동에 의한 것일 수 있다.

욕구유발과 전환

욕구유발

다음은 강아지의 욕구를 이끌어 내는 방법이다.

◦ 음식욕구는 움직임을 이용해 유발한다.
→ 높은 톤의 목소리, 동적사물 쫓기, 보호자의 몸동작 등
◦ 무리욕구는 강아지를 만져주고, 칭찬하고, 미소로 이끌어 낸다.
→ 그루밍, 놀이, 몸을 똑바로 세우고 교육하는 것 등
◦ 방어욕구는 견줄 당김, 큰 목소리, 손동작 등으로 유발한다.

무리욕구 유발

음식욕구 유발

욕구전환

강아지의 욕구는 다음의 예처럼 바꿀 수 있다. 강아지가 장난감을 가지고 놀고 있을 때(음식) 초인종이 울리면 장난감을 놓고 짖는다(방어). 보호자가 문을 열자 강아지가 좋아하는 이웃이 들어온다. 강아지는 손님에게 다가간 후(무리) 다시 돌아와 장난감을 가지고 논다(음식).

보호자는 강아지를 교육할 때 불필요한 욕구에서 필요한 욕구로 바꾸는 방법을 알아야 한다. 예를 들어 보호자가 마당에서 강아지에게 동행동작을 가르치고 있을 때 울타리에서 토끼가 튀어나왔다. 강아지가 토끼를 보고 흥분하며 높은 소리로 짖는다. 강아지는 음식욕구에 완전히 빠진다. 이때 보호자는 강아지가 동행동작을 계속하도록 무리욕구로 돌려놓아야 한다. 강아시를 음식욕구에서 무리욕구로 돌리려면 먼저 방어욕구를 이용한다.

방어욕구 유발

강아지를 무리욕구로 전환시키는 방법은 강아지의 방어욕구 수준이 높으면 줄을 당겨 음식에서 방어욕구로 바꾼다. 그리고 다시 부드럽게 만져주고 웃어주며 방어에서 무리욕구로 바꾼다. 방어욕구가 약한 강아지는 '어허' 소리만 해도 음식에서 방어욕구로 바뀐다.

낮은 수준의 공격행동과 높은 수준의 도주행동이 있는 강아지에게 줄을 당기는 것은 비효율적이다. 이런 경우는 허리를 굽히거나 낮은 톤의 목소리만으로도 방어욕구가 나온다. 보호자의 대응 수준이 부적절하면 교육이 어렵거나 불가능하게 되므로 강아지가 보이는 반응에 따라 적정한 수준을 판단한다.

욕구전환 방법

강아지는 보호자의 거의 들리지 않을 정도의 음성이나 몸의 미세한 변화에도 음식욕구에서 방어욕구로 전환할 수 있다. 또한 보호자가 가르치고자 하는 것을 알게 되면 스스로 욕구를 바꾼다. 보호자가 강아지 교육에 필요한 욕구가 어떤 종류이고 욕구를 전환시키는 방법은 무엇인지 알면 진도가 빨라지고 더 이상 강아지를 혼동시키지 않을 것이다.

- 음식욕구에서 무리욕구로 바꿀 때는 방어욕구를 먼저 거친다.
- 방어욕구로의 전환은 강아지의 방어욕구 수준에 영향을 받는다.
- 만져주거나 웃어주어 방어욕구에서 무리욕구로 바꾼다.
- 간식이나 움직임으로 무리욕구에서 음식욕구로 바꾼다.

행동 프로필

프로필 작성

강아지의 개체별 특성에 대한 이해를 돕기 위해 욕구별로 10가지 행동을 분류하였다. 선정된 항목들은 강아지들이 표현하는 모든 행동과 그들의 상호작용을 파악하기엔 미흡하지만 각 욕구의 특징을 가장 근접하게 나타낸다. 프로필의 결과는 강아지의 교육계획을 세우는 데 유익한 정보가 될 수 있고, 장점을 살리고 불필요한 시행착오를 줄여 교육시간을 단축시킬 수 있다.

이것은 가정에서 생활하는 정상적인 강아지를 위한 것이므로 밖에 묶어 기르거나 견사 내에서 생활하여 행동을 표현할 기회가 적은 경우에는 적합하지 않다. 프로필 작성은 강아지가 교육을 받기 전에 행동한 내용으로 한다. 예를 들어 '강아지가 교육을 받기 이전에 음식을 먹으려고 식탁에 올라갔었다'처럼 적는다. 주의력에 관계된 행동들은 교육을 진행하는 과정에서 파악할 수 있다.

방어욕구의 공격 부분은 성견이 되는 시점인 약 2년까지 완전히 표현되지 않지만 그 성향은 더 일찍 나타날 수 있다. 그리고 어린 강아지는 성견보다 도주행동을 더 많이 보이는 경향이 있다.

프로필 평가

다음 항목에 대하여 해당 점수를 표기하세요.

항상 그렇다 : 10 가끔 그렇다 : 5 전혀 없다 : 0

1. 땅이나 공중의 냄새를 맡는다. ( )
2. 다른 개들과 잘 지낸다. ( )

3. 자신의 자리를 지키고, 이상한 물건이나 소리를 탐색한다. ( )
4. 새로운 환경을 피한다. ( )
5. 자전거나 다람쥐처럼 움직이는 것을 보고 흥분한다. ( )
6. 사람들과 잘 어울린다. ( )
7. 게임에서 이기는 것을 좋아한다. ( )
8. 무서울 때 보호자 뒤에 숨는다. ( )
9. 고양이나 다른 개 또는 풀밭에 있는 것에 살금살금 다가간다. ( )
10. 혼자 있을 때 짖는다. ( )
11. 낮은 톤으로 짖거나 으르렁거린다. ( )
12. 낯선 상황에서 겁먹은 듯 행동한다. ( )
13. 흥분하면 높은 음조로 짖는다. ( )
14. 만져주는 것을 원하거나 보호자에게 붙는 것을 좋아한다. ( )
15. 자신의 영역을 지킨다. ( )
16. 불안하면 떨거나 낑낑거린다. ( )
17. 장난감에 덮치듯이 달려든다. ( )
18. 그루밍해주면 좋아한다. ( )
19. 장난감이나 음식을 지킨다. ( )
20. 질책을 받으면 기거나 뒤집어진다. ( )
21. 장난감을 흔들고 죽인다. ( )
22. 보호자와 시선을 마주친다. ( )
23. 만져주는 것을 싫어한다. ( )
24. '와' 했을 때 보호자에게 오는 것을 피한다. ( )
25. 쓰레기나 음식을 훔친다. ( )
26. 보호자를 그림자처럼 따라다닌다. ( )
27. 보호자를 지킨다. ( )
28. 손질해 줄 때 가만히 있지 않는다. ( )

29. 보호자가 들고 있는 것을 좋아한다. (　　)

30. 다른 개들과 잘 논다. (　　)

31. 그루밍이나 목욕시켜 주는 것을 싫어한다. (　　)

32. 낯선 사람이 개 앞에서 허리를 굽히면 움츠러든다. (　　)

33. 음식을 정신없이 먹는다. (　　)

34. 사람들을 반기려고 뛰어오른다. (　　)

35. 다른 개들과 자주 싸우려 한다. (　　)

36. 인사 행동할 때 소변을 본다. (　　)

37. 땅을 파고 물건을 묻는 것을 좋아한다. (　　)

38. 다른 개에게 구애하거나 올라타는 행동을 한다. (　　)

39. 어린 개에게 시비를 건다. (　　)

40. 궁지에 몰리면 공격한다. (　　)

반려견 행동 프로필 평가표

음식욕구		무리욕구		방어(공격)욕구		방어(도주)욕구	
항목	점수	항목	점수	항목	점수	항목	점수
1		2		3		4	
5		6		7		8	
9		10		11		12	
13		14		15		16	
17		18		19		20	
21		22		23		24	
25		26		27		28	
29		30		31		32	
33		34		35		36	
37		38		39		40	
합계		합계		합계		합계	

프로필 활용

보호자는 테스트 결과를 적용하기 전에 강아지에게 무엇을 가르치려 하고, 그 교육을 하려면 어떤 욕구가 필요한지 파악한다. CGC 교육에서는 음식과 방어욕구보다 무리욕구가 중요하다. 강아지의 모든 욕구가 균등하게 높으면서 무리욕구가 60점 이상이면 어려움이 없다. 회수와 점프에 연관된 음식욕구는 CGC 교육에 필요성이 적지만 무리욕구가 낮은 강아지에게는 간식이나 장난감을 이용해서 교육할 때 사용할 수 있다. 방어욕구도 CGC 교육에서 불필요하지만 교육방법을 결정하는 데 긴요하게 사용할 수 있다. 강아지의 욕구를 제대로 활용하면 약점을 극복할 수 있는 도구로서 묘미가 있다. 예로 무리욕구가 약한 강아지에게는 음식욕구를 이용하여 동행하는 방법을 가르칠 수 있다.

행동 프로필 적용

강아지의 프로필을 파악하면 강아지 교육에 어떤 방법이 적절한지 알 수 있다.

방어(공격)욕구 60 이상 이 강아지는 엄하게 다루어도 괜찮다. 보호자의 정확한 몸동작이 결정적으로 중요하지는 않지만, 행동이 정확하지 않으면 진도가 더딜 수 있다. 목소리는 단호하지만 위협적이지 않아야 한다.

방어(도주)욕구 60 이상 이 강아지는 강제 교육에 적합하지 않다. 정확한 몸동작과 조용하고 상냥한 톤의 목소리가 매우 중요하다. 엄격한 목소리는 피하고 강아지 주위에서 서성거리거나 몸을 구부리는 것도 자제한다. 부드러운 몸동작과 핸들링이 좋은 결과를 가져온다.

음식욕구 60 이상 이 강아지는 교육을 진행하는 동안 간식이나 장난감에 좋은 반응을 보인다. 강아지가 고양이를 쫓거나 다람쥐를 발견했을 때처럼 흥분하면 음식욕구를 억제하기 위해 엄하게 다룰 필요가 있다. 이런 강아지는 반응이 좋지만 주의력이 분산되기 쉽다. 손동작과 견줄을 적절히 이용하면 좋은 결과를 볼 수 있다.

음식욕구 60 이하 이 강아지는 음식이나 다른 움직임에 의해 쉽게 자극되지 않는다.

무리욕구 60 이상 이 강아지는 칭찬이나 만져주는 것에 쉽게 반응한다. 보호자와 함께 있는 것을 좋아하며 지도에 잘 반응한다.

무리욕구 60 이하 이 강아지는 보호자의 존재 여부에 영향을 받지 않는다. 자기 자신의 행동에 몰입하는 것을 좋아하고 쉽게 자극되지 않는다. 유일한 방법은 음식욕구를 이용하는 것이다.

음식욕구나 무리욕구가 높은 강아지들은 욕구 강도를 파악하여 적절한 수준을 유지하면 교육이 순조롭다. 강아지의 방어(공격) 욕구가 높으면 리더십 교육을 자주 복습해야 한다. 또한 음식욕구가 높은 강아지도 움직이는 물건에 대하여 보호자가 통제력을 가질 수 있도록 리더십 교육에 신경을 써야 한다.

행동 프로필에 따른 분류

한량 음식·무리·방어욕구가 낮아서 자극하기 힘들고, 대부분의 교육이 잘 이루어지지 않는다. 교육에 이용할 수 있는 욕구가 거의 없어서 많은 인내력이 필요하다. 긍정적인 면은 사고칠 일이 거의 없고,

누구도 귀찮게 하지 않으며, 긴 시간 동안 혼자 있어도 문제가 없다는 것이다.

사냥개 높은 음식, 낮은 무리, 낮은 방어욕구를 가진 강아지는 집중력이 떨어지는 듯 보이지만 흥미를 가지는 것에는 집중할 수 있다. 이들을 교육시키려면 음식욕구로 전환하는 과정이 필요하다.

주유소 개 높은 음식, 낮은 무리, 높은 방어(공격)욕구를 가진 강아지는 독립적이어서 반려견으로 같이 살기 어렵다. 움직임에 의해 쉽게 흥분되고 사정거리 안에 들어오는 것은 무엇이든지 공격할 수 있다.

경주견 높은 음식, 낮은 무리, 높은 방어(도주)욕구로 쉽게 놀라고 지나치게 겁을 먹는다. 조용하고 안심시켜 주는 핸들링이 필요하다. 어린이에게는 좋은 선택이 아니다.

그림자 낮은 음식, 높은 무리, 낮은 방어욕구를 가진 이 강아지는 보호자를 하루 종일 따라다니고 사고칠 일이 거의 없다. 보호자와 같이 있는 것을 좋아하지만 무엇을 쫓아가는 것에는 관심이 없다.

귀염둥이 50~75 정도 보통수준의 음식, 무리, 방어(공격)욕구를 지닌 강아지들은 보호자의 실수에도 크게 영향을 받지 않는다. 이처럼 균형적인 욕구를 가진 강아지는 교육이 쉽다. 이들은 보호자가 무엇을 하든지 그 의도를 쉽게 알 수 있다. 하지만 이런 강아지를 만나는 것은 특별한 행운이 있어야 한다.

반려견과 스트레스

스트레스는 육체적 또는 정신적 압박에 따른 신체내부의 반응이다. 반응은 싸우거나 도주할 준비로 나타나는데 혈압 상승, 심박수 증가, 호흡 증가, 대사작용 상승으로 팔과 다리에 혈액공급이 늘어난다. 이는 의식적으로 제어할 수 없는 생리적 현상이다.

스트레스가 높아져 신체내부가 균형을 잃으면 화학물질이 자동으로 분비되어 균형을 유지한다. 그러나 화학물질의 비축된 양은 한정되어 있어서 고갈되면 몸이 균형을 잃고, 불균형이 지속되면 노이로제와 활동장애가 나타난다.

육제적, 정신적 스트레스는 견딜 수 있는 정도에서 견딜 수 없는 수준까지 범위가 있다. 여기서 우리의 관심사는 교육 중 강아지가 느끼는 스트레스이다. 보호자는 강아지의 스트레스 징후를 파악하고 스트레스를 해소하는 데 도움을 줄 수 있는 방법이 무엇인지를 알아야 한다. 그럼으로써 보호자가 강아지 교육이나 CGC 시험 중 스트레스에 의한 악영향을 줄일 수 있다.

스트레스의 요인

스트레스의 원인으로는 내부적 요인과 외부적인 것이 있다. 내부적 요인은 강아지의 신체구조와 건강상태처럼 선천적인 것으로 유전적 영향을 받는다. 스트레스에 대한 대처능력과 한계는 개체별로 다르므로 그대로 받아들여야 한다. 현실적으로 보호자가 강아지의 내부적 요인을 바꾸거나 교육을 통해 스트레스를 해소하는 것은 어렵다. 보호자가 할 수 있는 일은 스트레스 관리요령을 터득하여 영향을 경감시키는 것이다.

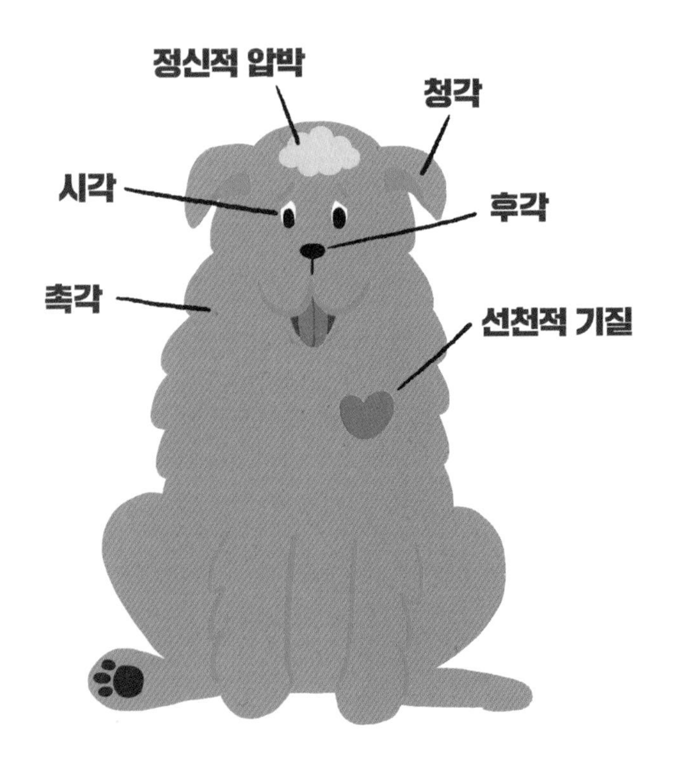

외부적 요인은 강아지에게 제공하는 음식에서부터 보호자와의 관계까지 다양하다. 주요 요인은 강아지의 사회화 수준, 환경 적응능력, 교육방법의 적합성, 교육장소, 보호자의 욕구불만, 교육자의 일관성 등이다. 다행이 이와 같은 외부적 요인은 보호자에 의해 관리가 가능하다.

스트레스의 동적(動的)인 면과 정적(靜的)인 면

스트레스의 영향은 활동성이 증가하는 동적인 상태와 활동성이 저하되는 정적인 상태로 구분할 수 있다. 우리가 직장에서 퇴근하고 돌아왔을 때 새로 구입한 카펫 위에 있는 강아지의 배변을 보았다. 어떤 반응을 보일까? 감정이 폭발하여 강아지에게 소리 지르고 가족에게 화를 낸 뒤 문을 쾅 닫는다. 아니면 벌어진 상황에 체념하고 고개를 저은 뒤 온몸에 힘이 쭉 빠져 강아지를 무시한 채 방으로 들어간다. 전자는 혈관에 분비된 화학물질로 인하여 활기가 넘친 상태이고, 후자는 절망하여 기운이 빠진 상태이다.

강아지들도 과도한 스트레스에는 공격이나 도주 반응을 보인다. '동적 표현'은 표면상 활동과다로 나타난다. 뛰어 돌아다니거나, 껑충껑충 뛰거나, 보호자에게 달려들거나, 낑낑거리거나, 짖는다. 우리는 이런 강아지를 바보 같고 귀찮다고 생각할 수 있지만 이들이 스트레스에 역동적으로 대처하는 방식으로 이해해야 한다.

'정적 표현'은 꼼짝 안 하거나, 보호자 뒤로 살금살금 다가오거나, 도망가거나, 실행어에 천천히 반응하는 등의 무기력함으로 나타나는데 생소한 환경에 놓이면 피곤해하거나, 눕거나, 동작이 경직된다. 이와 같은 행동들은 강아지가 편히 쉬는 것이 아니고 스트레스에 정적으로 대처하는 모습이다.

스트레스의 징후는 근육 떨림, 빠른 호흡, 자국이 남을 정도로 발바닥에 땀이 남, 눈동자의 확장, 소변이나 설사, 자해 등이다. CGC의 환경영향에 대한 적응교육 중 보호자 앞이나 뒤에 달라붙는 행동도 스트레스와 관련이 있다.

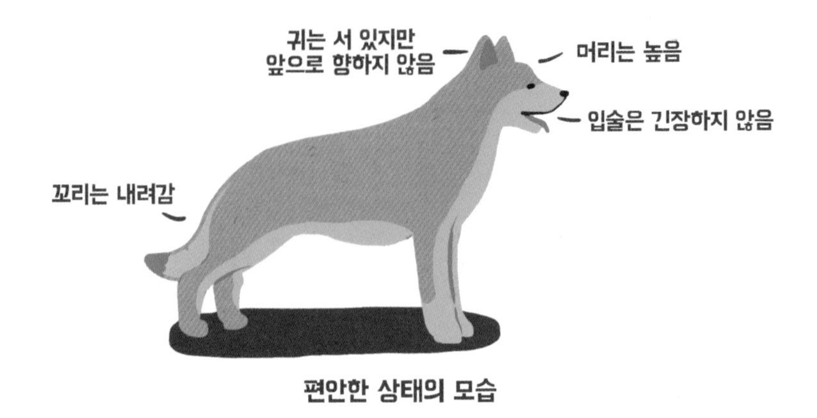

편안한 상태의 모습

긴장하여 몸을 움츠린 모습

강아지들은 스트레스를 일상에서 빈번하게 받는다. 작은 스트레스가 쌓이면 카펫 위에 배변하는 것과 같은 문제행동으로 발생한다. 이처럼 한계수준을 넘어서면 정상적으로 행동할 수 없다. 스트레스로 인한 불안이 지속되면 배우고 생각할 수 있는 능력이 현저하게 떨어지고 심하면 쇼크 상태에 이를 수 있다. 그리고 면역력이 약화되어 질병이 발생하기도 한다. 마치 쇠사슬 중 가장 약한 고리가 먼저 떨어지듯이 발목이 약한 강아지는 절뚝거리거나 고통을 표현할 수 있다. 소화기질병 역시 스트레스로 흔하게 나타나는 증상이다.

스트레스는 그 자체로는 나쁘지 않다. 적당한 스트레스는 건강한 신체기능과 면역력 유지에 도움이 된다. 그러나 스트레스가 해소되지 못하고 누적되면 신체에 부담이 되고 면역체계에 이상이 생긴다.

스트레스로 인한 파괴적 행동

스트레스와 학습

강아지가 교육을 받을 때 스트레스를 받는 것은 피할 수 없고 어느 정도의 수준은 스스로 해소할 수 있다. 보호자는 교육 진행 중에 강아지의 스트레스에 따른 종료 시점을 파악하고 그 이전에 적절히 대처해야 한다. 강아지가 더 이상 배울 수 없는 상태에 이를 때까지 진행하면 교육내용은 기억에 남지 않는다.

스트레스로 인한 불만 수준이 너무 높으면 강아지가 보호자의 실행어에 응할지라도 가르침을 기억하기 어렵다. 강아지가 보호자의 말을 전혀 못 알아듣는 것처럼 행동할 때가 가끔 있다. 특히 다양한 자극이 산재한 조건에서 교육할 때 많이 발생하는데, 강아지가 아무것도 할 수 없는 것처럼 느껴진다. 이때 보호자는 무엇을 어떻게 해야 하는지 고민해야 한다. 그렇지 않고 '내가 여기서 중단하면 강아지는 자신이 이겼다고 생각하고 더 이상 교육을 받지 않을 거야'라고 생각하는 것은 보호자가 강아지를 경쟁자로 여기고 '너는 이것을 무조건 해야 돼'라고 생각하는 것으로 잘못된 태도이다. 보호자가 이런 자세로 교육에 임하는 것은 시작과 동시에 실패를 향해 가는 것과 같다.

강아지 교육은 '이기고 지는 것'과 상관이 없고 '학습'과 관계되어 있다. 따라서 교육은 성공과 상관없이 더 이상 학습효과가 없으면 언제든지 멈춰야 한다. 그렇지 않고 진행을 계속 고집하면 강아지가 보호자에게 가지고 있는 신뢰는 무너지고, 보호자가 만들려고 하는 좋은 관계도 훼손된다. 이럴 때는 먼저 강아지를 쉬게 한 뒤 다시 시도한다. 갑자기 전구가 켜진 느낌일 것이다. 이는 보호자가 강아지에게 휴식을 제공함으로써 스트레스가 해소되어 학습능력이 좋아진 결과이다.

나는 보호자가 짜증나기 시작하거나 강아지가 스트레스 증상을 나타내면 일단 그만두라고 충고한다. 우리에게 개 교육의 아버지로 알려져 있는 콘라드 모스트는 '강아지 교육에는 평형상태를 유지하는 것이 중요하다'고 주장했다. 그는 일찍이 '좋은 교육에는 따뜻한 마음과 냉정한 두뇌가 필요하다'라고 그의 책에서 언급했다.

강아지들은 보호자에 대한 믿음이 부족하면 긴장이나 불안한 행동을 나타낸다. 강아지를 육체적 또는 정신적으로 압박하여 지배하는 것은 누구나 할 수 있지만, 우호적인 방법으로 교육하여 강아지와 신뢰를 구축하면서 목표를 달성하는 것은 아무나 할 수 없다.

스트레스 관리

강아지는 자극요인이 많은 환경에 노출되면 보호자의 의도대로 행동하지 않는다. 보호자는 짜증을 내며 "네가 어떻게 이럴 수 있어?"라는 태도를 보인다. 강아지는 보호자의 눈치를 보고 불안해진다. 이럴 때는 강아지를 격려하고 다시 시도해야 한다. 보호자가 진정하지 않으면 결국 수업은 더 이상 진행하기 어려워진다.

CGC 시험에 응시한 보호자가 평정심을 냉정하게 관리하는 것도 중요하다. 강아지는 보호자의 기분에 예민하게 반응하므로 자칫 초조함을 들키면 시험에 지장을 초래할 수 있다. CGC 시험 항목에는 대부분 스트레스 요인이 포함되어 있다. 보호자는 강아지가 이에 어떻게 대처하는지 관찰할 필요가 있다. 강아지가 보호자와 3분 동안 분리되는 10번 테스트도 스트레스를 크게 준다.

강아지 교육에서 첫인상은 오래 남는다. 특히 강아지에게 '환경적응' 교육을 시작할 때는 스트레스를 받지 않도록 즐겁게 함으로써 최소한 자연스러운 기억으로 남도록 한다.

보호자는 강아지가 환경 변화에 따라 받는 스트레스 종류와 강도를 파악한다. 이것은 장소가 될 수도 있고 보호자의 행동이 될 수도 있다. 강아지가 스트레스의 동적인 효과로 흥분하여 날뛸 때는 사람이 히스테리를 부리는 것처럼 보인다. 이때 보호자는 강아지를 만지지 말고 낮고 무거운 목소리로 '엎드려'를 요구한다. 그렇지 않으면 강아지가 더욱 흥분할 것이다.

스트레스의 영향이 정적으로 나타나면 신체내부에서 분비된 화학물질이 재분배되어 정상으로 돌아오도록 산책을 실시한다. 또는 어깨위를 만져주어 편안하게 해준다. 강아지의 차분한 태도가 항상 안정된 상태를 나타내는 것은 아니므로 장난감이나 간식으로 위로해 준다. 스트레스로 교육 진행이 순조롭지 않을 때 강아지의 주의를 집중하게 하려고 견줄을 잡아채면 더 큰 무기력으로 이어지므로 절대 금지한다.

스트레스에 의한 강아지의 행동이 진정되는 데 필요한 시간은 개체별 상태에 따라 차이가 있다. 스트레스 정도가 심하면 균형이 잡히기 전에는 학습된 행동도 수행하지 못한다. 이런 상황에서는 강아지의 호흡과 몸 상태가 정상으로 회복되도록 시간을 가지는 것이 중요하다.

보호자는 강아지들이 스트레스에 대한 관리능력을 스스로 가지기 어렵다는 사실을 이해하고 해소방법을 찾아 주어야 한다. 보호자가 적절한 관리방법을 찾으면 새로운 상황에 대처하는 것에 익숙해질 것이고 점차 더 어려운 조건에도 잘 대처하게 된다.

◎ 강아지는 사회적인 동물로서 동료애가 필요하다.

◎ 강아지의 사회적 관계 형성에 바람직한 시기는 7 ~ 12주이다.

◎ 생후 1년이 지나면 보호자의 리더십에 도전하는 행동이 나올 수 있다.

◎ 강아지의 성격 프로필에서 올바른 교육방법을 찾을 수 있다.

◎ 교육 중에 강아지가 받는 스트레스는 교육 진행자가 관리해야 한다.

CHAPTER 03

교육 실습

01 교육준비

철부지 강아지를 8주에 걸쳐 예의 바른 반려견으로 변화시키는 과정을 소개한다. 강아지가 자발적인 태도로 임하면 그 이전에 목표를 달성할 수 있다. 이 과정에서 배운 행동요령은 산책, 그루밍, 음식을 줄 때 등에 다양하게 이용할 수 있다. 다만 CGC 자격을 취득한 후에도 강아지에게 복습시켜 잊어버리거나 나쁜 행동이 나타나지 않도록 한다.

강아지 교육은 입양하고 바로 시작한다. 강아지는 보호자가 교육을 하든 말든 무엇인가 배우므로 바람직하지 않은 행동을 배우기 전에 당장 교육을 시작해야 한다.

보호자의 행동

신뢰

고양이를 쫓아 차도를 횡단하는 강아지를 보면 자동차에 치일까봐 간이 콩만해질 것이다. 보호자는 강아지가 돌아왔을 때 고양이를 쫓은 행동과 우리를 놀라게 한 것에 화가 나서 심하게 꾸짖는다. 하지만 강아지의 입장에서는 고양이를 보고, 쫓았고, 재미있었다. 그리고 돌아왔는데 보호자가 화를 낸다. 도무지 알 수 없다. 우리가 강아지에게 가르치고 싶었던 것은 고양이를 쫓지 말라는 것이었는데 강아지가 배운 것은 보호자에게 가면 혼이 난다는 사실이다.

강아지들은 우리 의도와 상관없이 마지막에 했던 행동의 결과와 연관시켜 기억한다. 보호자가 강아지를 부를 때 오는 동작을 가르치려면 다음처럼 한다. 강아지가 올 때마다 즐겁게 해주어 보호자에게 온 행동에 대하여 포상[5]한다. 보호자는 자신의 기분과 관계없이 즐거운 마음으로 미소 지으며 만져주고 부드러운 목소리로 강아지를 맞이한다. 그리고 강아지와 있을 때 편안하게 해주어 믿음을 얻는다.

강아지는 보호자에게 갔을 때 혼이 나면 자신이 온 것에 대하여 벌을 받았다고 생각한다. "새로 산 신발을 물어뜯고, 흙 묻은 발로 달려들고, 카펫 위에 배변했는데 어떻게 잘해 줘?"라고 말할 수 있

5 일반적으로 보상이라 하는데, 의미상 포상이 더 정확한 표현

다. 그러나 답은 벌에 있지 않고 강아지의 행동에 대하여 이해하고, 적절하게 교육하고, 예방하는 것에 있다.

일관성

반려견 교육에 마술이 있다면 그것은 일관성이다. 강아지들은 '어떤 때' 그리고 '어디에서만'이라는 개념을 이해하지 못한다. 헌옷을 입고 있을 때 강아지가 달려들면 반겨주고, 새 옷을 입고 있을 때는 싫어한다면 이해하기가 어렵다. 그러면 "강아지가 달려드는 것을 아예 못하게 해야 하는가?" 그것은 아니고, 보호자가 허용할 때만 달려들도록 교육을 한다. 그런데 여기서 생각해야 할 점은 강아지에게 뛰어올라도 되는 상황을 알려주는 것이 아예 뛰어오르지 못하게 교육하는 것보다 더 어렵다는 사실이다. 강아지가 잘못할 때마다 손뼉을 치며 '안 돼'라고 외쳤다면 손뼉을 치는 동작으로 강아지를 오게 할 수 없는 것과 같은 이치이다.

강아지의 행동에 대한 보호자의 일관적인 행동은 매우 중요한데 그것은 강아지와 관계된 모든 사람이 동일하게 실천해야 효과가 있다. 강아지가 식탁에서 음식을 애걸하는 행동을 못 하게 하려면 음식을 몰래 주는 사람이 없어야 한다. 또한 강아지에게 칭찬, 질책, 실행어 등을 사용할 때도 목소리 톤을 일정하게 사용해야 한다.

반려견 교육의 성패는 강아지와 보호자 둘 중 누가 더 끈기가 있는가에 달려 있다. 강아지들은 어떤 것은 쉽게 배우지만 어떤 것은 오랜 시간이 필요한 경우도 있다. 그리고 강아지들은 인간의 언어를 이해하지 못하므로 목소리를 높이는 것도 결코 도움이 안 된다. 오히려 겁을 주어 보호자와의 관계를 훼손하는 문제를 야기할 수 있다.

우호적 관계

우리는 교육을 시작하기 전에 강아지와 어떤 방법으로 소통하고 있는지 생각할 필요가 있다. '좋아'와 '안 돼'라는 말, 긍정적인 말과 부정적인 말 그리고 친절한 행동과 불친절한 행동들을 하루에 몇 번 정도 사용하는지 점검해 보자. 많은 사람들이 '안 돼'라는 용어를 입이 아프게 사용했을 것이다. 강아지는 이런 용어를 사용하는 상황이 지긋지긋하고, 무엇인가 하고 싶은 생각이 사라진다.

우리는 강아지에게 사용하는 부정적인 언어와 태도를 우호적인 것으로 바꿔야 한다. 예를 들어 강아지가 뛰어오를 때 "안 돼, 내려가지 않으면 혼난다"보다 '앉아' 동작을 요구하는 것이다. 보호자는 강아지가 점프하면 '앉아'를 요구하고 포상한다.

우리는 강아지에게 원하는 행동과 원하지 않는 행동을 구분하여 '무엇을 하라'는 용어를 더 많이 사용해야 한다. 우호적인 용어와 행동을 애용하면 강아지의 자발적인 욕구가 증대되고 보호자와 관계도 좋아진다. 강아지의 본능적인 행동에 대하여 책임을 묻는 습관을 없애야 한다. 우리가 할 일은 강아지의 행동을 이해하고 좋은 방법으로 가르치는 것이다.

'NO'라는 말 그만

문제행동 해결

욕구 충족

보호자가 강아지와 생활하다 보면 여러 어려움을 겪게 된다. 어떤 것은 보호자가 예방할 수 있지만 그렇지 못한 경우도 있다. 배변, 불안, 무기력, 공격성은 질병에 의하여 초래될 수 있다. 이와 같은 증상이 나타나면 동물병원에서 먼저 진단을 받는 것이 바람직하다.

지나치게 짖거나, 물어뜯거나, 땅을 파거나, 자신의 신체를 해하는 행동은 대부분 지루함이나 고독, 정신적 침체에서 비롯된다. 개들은 무리지어 생활하는 동물이므로 보호자 그리고 보호자 가족과 주기적으로 친교하는 것이 필요하다. 가족과 강아지가 함께 시간을 보내는 것만으로도 충분할 수 있지만 교육을 시켜 정신적으로 자극하면 더욱 좋다.

보호자는 강아지에게 필요한 운동의 중요성을 알아야 한다. 토요일 오후에 강아지를 데리고 공원에 가는 것으로는 충분하지 않다. 강아지의 많은 문제행동은 운동부족과 한 장소에 오랫동안 가두어 놓은 결과이다. 강아지를 뒷마당에 풀어놓거나 견줄에 채워놓는 것으로는 부족하고 보호자가 동참해야 한다. 그러나 안전이 확보되지 않은 상태에서 강아지가 혼자 뛰어다니게 해서는 안 된다. 이것은 불법이고 주위 사람들과 강아지 자신에게 위험할 뿐만 아니라 CGC의 기본철학에도 어긋난다.

강아지들은 규칙적인 일과에서 정상적으로 성장하므로 보호자가 이를 잘 지키는 것이 중요하다. 매일의 일과가 자주 변하는 것은 강아지를 초조하게 만들어 집안에서 각종 사고를 유발하고 혼자 놔두었을 때 분리불안이 나타날 수 있다. 보호자의 규칙적인 생활이 강아지의 평온한 행동을 만들 수 있다.

반려견의 좋은 행동은 적당한 운동, 좋은 친구, 알맞은 음식 그리고 적절한 교육에서 나온다. 즉 반려견의 좋은 행동은 보호자에게 달려 있다.

예방이 최선

우리는 강아지의 행동에 관심을 가지고 생활하면 무슨 행동을 하려는지 미리 알 수 있다. 강아지의 표정과 몸의 움직임을 자세히 보면 많은 것을 배울 수 있다. 강아지가 고양이나 조깅하는 사람 또는 자전거를 쫓아가려 할 때 바로 그 순간에 '앉아' 또는 '와', '기다려' 실행어로 강아지의 행동을 중단시킬 수 있다. 만약 보호자가 강아지의 의도를 간파하기 전에 고양이를 쫓아가면 어떡하나? 중간에 '와'로써 돌아오게 할 수 있다. 그런데 강아지가 고양이를 끝까지 쫓아가면? 돌아왔을 때 화를 내야 하나? 당연히 아니다. 최선의 방법은 이번 일은 무시하고 다음부터 관심을 가지고 예방하는 것이다.

퇴근 후 집에 왔는데 강아지가 나의 가장 좋아하는 신발을 물어뜯어 놓은 경우에는 어떡하나? 소리 지르고 심하면 때린다. 그런데 강아지는 보호자가 왜 화를 내는지 모른다. 강아지는 그것이 자기 때문이라는 것이나, 신발을 물어뜯어 놓았기 때문이라는 사실을 알지 못한다. 강아지는 자신의 지나간 행동을 현재와 관련지어 생각하지 못한다.

강아지를 교육할 때 인간과 비슷한 능력이 있다고 생각하면 실패로 끝날 가능성이 높다. 그들에게 죄의식을 기대하는 것은 어리석다. 우리가 아이들에게 "밥 먹지 말고 네 방으로 들어가"라고 하는 것처럼 강아지에게 하는 것은 무의미하다. "강아지가 이 정도는 알아야지"라고 생각해서 책임을 묻는다면 어처구니없는 행동이다. 강아지가 그 정도로 이해한다면 처음부터 나쁜 행동을 하지 않았을 것이다.

강아지는 신발을 물어뜯을 때 즐거웠을 뿐이므로 보호자가 나중에 화를 내는 방식으로는 그 행동을 중단시킬 수 없다. 가장 좋은 방법은 이

번 행동은 무시하고 신발을 안전한 곳에 두는 것이다. 보호자 입장에서 강아지의 잘못한 행동을 시간이 지난 후에 처벌하는 것은 효과가 없을 뿐더러 강아지와의 관계만 나빠져 결국 보호자를 불신하게 만드는 꼴이다.

- 문제행동의 좋은 해결책은 그 행동을 하지 못하도록 미리 예방하는 것이다.
- 다음은 강아지가 문제행동을 진행하고 있을 때 중단시키는 것이다.
- 강아지가 행동을 마치고 시간이 지난 후의 처벌은 효과가 없다.
- 강아지가 문제행동을 끝냈을 때는 포기하고 다음을 대비한다.

리더십

개는 집단생활을 하는 동물이다. 집단에는 리더가 필요하고 그 역할은 보호자 아니면 강아지의 몫이다. 반드시 이런 식이다. 우리는 강아지에게 친구나 동반자로서 역할을 원할 수 있지만 서로의 안녕을 유지하려면 보호자가 리더십을 가져야 한다. 지금처럼 복잡한 인간의 공간에서 강아지에게 선택을 맡기고 의지하는 것은 불가능하다. 그리고 대부분의 강아지들은 보호자의 리더 역할을 원하고 거기에 만족한다. 보호자가 강아지를 리드해야 한다. 강아지가 우리와 같이 생활하는 조건에서는 선택의 여지가 없다. 그렇지 않을 경우 아주 얌전한 강아지도 리더가 되려고 할 것이다. 보호자와 반려견의 상호 행복을 위해 보호자는 리더십을 가져야 한다.

리더십 교육

강아지에게 리더십 교육을 통하여 보호자가 리더라는 사실을 알려준다. 강아지를 입양하면 빠른 시일 내에 리더십 교육을 실시한다. 보호자가 리더십을 유지하면 강아지는 보호자의 리드를 바라고, 함께 있는 것을 즐거워하게 된다. 강아지에게 새로운 것을 가르치기 전에 누가 리더인지 확실히 해야 한다. 이 교육을 위해 4주 프로그램을 개발했다. 교육내용은 1주에 3회씩 30분 '엎드려'와 10분 '앉아'를 격일로 진행하는 것이다.

보호자의 여건이 미비해서 CGC 교육을 진행하기 어렵더라도 리더십 교육은 반드시 실시해야 한다. 이는 반려견으로서 필요한 기본자질을 만들 수 있기 때문이다.

교육 진행

1주　'30분 엎드려' 교육을 실시한다. 대부분의 강아지는 일어서려고 시도하다 포기하고 엎드려 있지만 어떤 경우 30분 내내 몸부림치기도 한다. 후자는 교육이 많이 필요하므로 인내심을 가지고 점진적으로 시간을 늘려가며 매일 실시한다. 강아지가 너무 심하게 거부하면 견줄을 매고 실시한다.

이 교육의 목적은 강아지에게 보호자를 리더로 인식시키기 위한 것이라는 점을 기억한다. 따라서 폭력적이거나 위압적이지 않은 태도를 유지하면서 '엎드려' 자세를 유지하는 것이 목적 달성을 위해 필요하다. 강아지가 보호자를 리더로 인식한 후에는 교육이 순조롭게 진행될 것이다. 그러나 리더가 불확실하면 강아지가 '오늘은 하기 싫다.' 같은 태도를 보일 수 있다.

- 보호자의 왼쪽에 강아지를 두고 그 옆에 무릎을 꿇고 앉아 정면을 향한다.
- 왼손은 강아지의 왼쪽 앞다리 뒤를 손바닥이 하늘을 향한 상태로 잡는다.
- 오른손은 강아지의 오른쪽 앞다리 뒤에 놓는다.
- 양 손바닥으로 강아지의 다리를 들어올렸다가 바닥에 놓으며 '엎드려' 한다.
- 강아지의 다리를 압박하면 몸부림치므로 들어올릴 때 꽉 붙잡지 않는다.
- 보호자의 손을 놓고 가만히 있는다.
- 강아지가 일어날 때마다 다시 실시한다.
- 30분 후 'Free'[6] 실행어와 함께 놓아준다.
- 이와 같은 방법으로 1주에 3회 격일로 연습한다.

6 강아지의 '기다려' 자세를 해제하고 자유로운 상태로 전환시키는 실행어

2주 보호자가 강아지 옆 의자에 앉아 '30분 엎드려' 교육을 실시한다. '엎드려' 자세와 격일로 실시하는 10분 '앉아'는 다음과 같이 진행한다.

- ◦ 오른손을 강아지의 가슴에 대고 왼손은 어깨에 올린다.
- ◦ 왼손으로 강아지의 등에서 꼬리를 지나 무릎 뒤 관절 부위에 놓는다.
- ◦ 오른손과 왼손에 같은 힘을 가하여 '앉아' 자세를 갖추게 한다.
- ◦ 강아지에게서 손을 놓고 가만히 있게 한다.
- ◦ 강아지가 움직이면 자세를 바로 잡아준다.
- ◦ 10분 후 'Free' 하고 교육이 끝났음을 알려준다.

3주 '30분 엎드려'와 '10분 앉아'를 강아지와 간격을 두고 교육한다. 강아지의 자세가 흐트러지면 바로 잡아준다.

4주 강아지가 자세를 유지하는 동안 보호자는 주위를 걸어 다닌다. 4주 교육을 성공적으로 마치면 강아지는 보호자가 리더라는 것을 알게 될 것이다. 다만 강아지가 생활하면서 잊어버리거나 자세가 변형되면 1주에 1~2회 복습한다.

Left
Right
Left
Right
Left
Right
Left
Right

02 '앉아, 엎드려, 서'

보호자의 실행어에 '앉아', '엎드려', '서' 그리고 한 자세로 오랫동안 머무르는 '기다려'를 교육한다. CGC 시험은 여러 항목에서 강아지의 가만히 기다리는 자세가 필요하므로 '기다려'가 중요하다. CGC 시험에서 '서' 자세는 필요없지만 그루밍이나 병원에서 진찰받는 것과 같은 상황에서 유용하므로 가르치는 것이 좋다.

'앉아' 가르치기

'앉아'를 먼저 가르치는 이유는 두 가지가 있다. 첫째 '앉아'는 비교적 쉽고, 둘째 활용도가 매우 높기 때문이다. 보호자들이 자주 질문하는 것이 "강아지가 뛰어오르는 것을 어떻게 막을 수 있나요?"이다. 강아지들은 '만나서 반갑다'는 의도로 사람들에게 뛰어오른다. 짜증날 수 있지만 이것은 강아지가 애정을 가지고 하는 행동이므로 처벌하면 안 된다. 그러면 강아지와 관계를 훼손하지 않으면서 어떻게 사람에게 뛰어들지 못하게 할 수가 있나? 답은 '앉아' 또는 '엎드려' 동작을 요구하는 것이다. 강아지는 앉아 있는 상태에서 다른 사람에게 뛰어오르는 두 가지 행동을 동시에 할 수 없기 때문이다.

다른 예로 문이 열리면 강아지가 돌진하는 위험한 행동이 있다. 이는 강아지가 차도로 나가 사고를 당하거나, 보호자가 문을 열고 있는 중이라면 강아지와 부딪쳐 넘어질 수 있다. 이런 위험을 예방하는 방법은 문을 열면서 '앉아' 또는 '엎드려'를 요구하는 것이다. 이 과정은 계단을 오르내릴 때나 자동차를 타고 내릴 때도 이용할 수 있다. 또한 강아지가 초인종 소리에 정신없이 문으로 달려갈 때에도 '앉아'를 요구한다. 강아지에 대한 통제력이 긴요할 때 쉽게 사용할 수 있는 해결책이다.

안 돼, 기다려,
들어오지 마세요.
기다려,
기다려!!

앉아, 기다려,
옳지 잘했어

강아지는 '앉아' 자세를 취하는 방법을 이미 알고 있다. 강아지가 배워야 할 것은 보호자가 '앉아'를 요구할 때 무엇을 해야 하는지를 아는 것이다. 또한 강아지는 실행어가 주어질 때마다 순응하는 것을 배워야 한다.

간식이나 강아지의 관심을 끌 수 있는 장난감을 손에 들고 강아지 앞에 서서 시작한다. 간식을 강아지의 눈 앞에서 머리 위쪽으로 약간 든다. '앉아'라고 말하면서 손을 강아지의 눈 위로 올린다. 강아지가 간식을 향해 위로 쳐다보면 앉는 동작이 자연스럽게 표출된다.

보호자의 손의 위치가 너무 높으면 강아지가 뛰어오르고 반대로 너무 낮으면 앉지 않게 되므로 강아지의 머리와 보호자의 손 위치를

잘 유지한다. 강아지가 앉으면 간식을 주고 칭찬한다. 이때 강아지를 만져주면 '앉아' 자세가 변하므로 좋지 않다. 10초 후 'Free' 하고 놓아준다. 교육 초기부터 'Free' 용어를 사용하여 보호자가 'Free' 할 때까지 그 자세를 유지하도록 가르친다.

CGC 시험에서는 강아지가 보호자의 왼쪽이나 오른쪽 어디에 있든 상관하지 않지만 훈련경기대회나 도그쇼 등 행사에서 보호자의 왼쪽에 위치하는 것이 전형적 모습이다. 따라서 강아지가 장래에 다른 교육을 받을 수 있으므로 왼쪽에 앉는 자세를 가르치는 것이 바람직하다.

강아지가 보호자의 도움 없이 실행어에 앉을 때까지 연습한다. 올바른 자세를 표현할 때마다 간식을 주면서 '좋아'하고 칭찬한다. 실행어만으로 '앉아' 동작이 이루어지면 2회 수행 후 포상한다. 점차 무작위로 포상하고, 완성 시에는 가끔 한 번씩 포상한다. 무작위 포상은 간식을 먹고자 하는 강아지의 욕구가 계속 솟아오른다는 전제를 바탕에 두고 있으므로 강력한 효과를 발휘한다. 이젠 강아지가 보호자에게 뛰어오르면 '앉아'를 요구한다. 칭찬한 뒤 'Free' 한다. 이 방법을 지속적으로 실행하여 강아지가 사람에게 뛰어드는 동작을 앉아서 포상을 기다리는 자세로 바뀌게 한다.

'실행어'

보호자는 강아지에게 '앉아, 기다려, Free' 실행어를 가르친다.

'Free'는 더 이상 기다리지 않아도 된다는 의미이다. '기다려' 동작 후에는 반드시 'Free' 후 움직일 수 있다는 것을 확실하게 가르친다. 보호자가 'Free' 하는 것을 소홀히 하면 강아지가 스스로 'Free' 하는 버릇이 생긴다. 이는 강아지가 움직일 때를 스스로 결정하는 것을 배워 보호자 의도와 어긋나게 된다. 'Free' 실행어를 내릴 때는 강아지의 청각기능이 매우 민감하므로 크게 소리를 지르지 않아도 된다. 다만 다른 실행어와 같은 보통의 어조이지만 좀 더 활기찬 목소리로 말한다.

새로운 동작을 가르칠 때는 강아지가 배울 때까지 실행어를 몇 번 반복하는 경우가 있다. 그러나 이 단계를 거친 후에는 강아지가 한 번의 실행어에 행동하도록 가르친다. 실행어를 내린 후 반응이 없으면 강아지의 자세를 도와주어 보호자가 무엇을 원하는지 정확히 알려준다. CGC 시험은 실행어를 1회 이상 사용할 수 있지만 1회에 행동하도록 교육하는 것이 바람직하다.

'기다려'

보호자의 왼쪽에 강아지를 두고 같은 방향을 향한 채 왼손으로 견줄을 느슨하게 잡는다. 강아지의 코 앞에 오른손 바닥을 대는 동작으로 '기다려'를 요구한다. 오른쪽으로 한 걸음 이동하고 10초 후 뒤로 한 걸음 움직인다. 손을 사용하지 않고 조용히 칭찬한다. 칭찬은 움직이라는 의미가 아니므로 칭찬할 때 강아지가 일어서면 다시 앉게 한다.

반복 후 이제는 앞으로 한 걸음 이동한다. 10초 후 뒤로 한 걸음 이동한 상태에서 칭찬하고 잠시 기다린 후 'Free' 한다. 보호자가 강아지 앞에 선 상태에서 30초 동안 '앉아' 기다리도록 한다.

다음 단계에서는 실행어와 손동작으로 '기다려' 하고 1m 앞으로 이동한다. 견줄은 팽팽하지 않은 상태를 유지하고 10초 후 돌아와 칭찬한다. 잠시 기다린 후 'Free' 한다. 강아지가 움직이려고 하면 한 걸음 다가가며 '기다려' 한다.

일반적으로 강아지가 보호자를 보고 있지 않으면 움직일 생각을 하고 있는 것이다. 주의를 기울여 움직임을 예상한다. 점차 강아지 앞에 서 있는 시간을 10초에서 1분으로 늘린다. 이 과정을 강아지 2m 앞에서 연습한다. 강아지가 움직이면 아무 말 없이 다가가 다시 앉게 한다. 강아지의 행동이 안정되면 거리를 6m, 시간은 30초로 서서히 늘린다.

CGC 시험에서는 강아지를 6m 줄에 매고 끝까지 걸어간 후 뒤로 돌아 강아지에게 자연스러운 속도로 돌아온다. 보호자는 강아지에게 '앉아', '엎드려', '기다려'를 요구할 수 있다. 강아지가 동일한 자세를 유지하지 않아도 되지만 그 자리에 같은 자세를 유지하는 것이 더 좋다. 이는 강아지가 자세를 바꿔도 된다는 생각을 하면 후에 움직여도 괜찮다는 생각으로 변할 수 있기 때문이다.

'안전교육'

강아지가 문 밖으로 뛰쳐나가거나 계단을 위 아래로 함부로 오르내리는 행동을 허용하면 안 된다. 이는 불편함과 동시에 사람과 강아지 모두에게 위험하다. 문을 열기 전에는 항상 강아지에게 '앉아'나 '엎드려'를 요구한다. 강아지는 보호자가 'Free' 할 때까지 기다려야 한다. 이 과정을 자동차 문이나 강아지가 자주 이용하는 문을 이용하여 교육한다. 보호자는 강아지에게 '앉아'나 '엎드려'를 요구할 때마다 리더로서의 위치를 확인시킨다.

계단을 올라갈 때 강아지가 아래에서 기다리는 것을 교육한다. 강아지에게 '앉아', '기다려'를 요구한다. 강아지가 따라오면 제자리에 돌려놓고 다시 시도한다. 보호자가 계단 끝까지 올라간 후에도 다음 실행어를 제시하기 전에는 움직이지 않아야 한다. 계단을 내려갈 때도 같은 방법으로 연습한다.

강아지들은 계단 끝에서 기다리는 과정이 어느 정도 진행되면 보호자의 'Free'를 예상하는 경우가 있다. 이는 강아지가 잠시 기다린 후 자의적으로 'Free' 하는 행동으로 악화될 수 있다. 이 현상은 시간 차이가 있지만 대부분의 강아지에서 발생할 수 있다. 보호자는 이런 현상이 일어나면 강아지를 제자리로 돌려보내고 10초 후 'Free'를 연습한다.

'엎드려' 가르치기

CGC 시험에서는 보호자의 '엎드려' 실행어에 강아지가 엎드리는 동작을 해야 한다. 이 교육은 '앉아'와 같이 가르칠 수 있다. 강아지를 보호자 왼쪽에 앉게 한 후 같은 방향을 향한다. 오른손에 든 간식을 보여 준 후 강아지 앞으로 내리면서 '엎드려' 실행어를 동시에 한다. 강아지가 엎드리면 간식을 주고 칭찬한다. 작은 강아지는 테이블 위에서 교육하면 수월하다.

이 과정을 역으로 적용하여 간식을 강아지 머리 약간 위로 올리며 '앉아'를 요구한다. 이어서 간식을 쥔 오른손을 강아지 앞에서 'ㄴ'자 모양으로 옮기며 '엎드려' 한다. 엎드린 상태에서 '기다려' 자세는 '앉아' 후 '기다려' 방법과 동일하다.

CGC 시험은 다음 중에서 선택한다. 하나는 강아지가 보호자 옆에서 있는 상태에서 '앉아' 후 '엎드려' 하는 것이다. 강아지는 보호자가 6m 이동하는 동안 엎드려 기다린다. 다른 방법은 강아지가 보호자 옆에 앉은 상태에서 시작한다. 보호자가 '엎드려' 한 후 '앉아'를 요구하여 앉은 자세에서 기다리게 하는 것이다.

어떤 방법이든 중요한 점은 강아지가 실행어를 정확히 수행해야 한다는 것이다. 실행어를 반복하는 것은 허용되지만 보호자가 강제로 강아지의 자세를 도와주면 안 된다. 시험에서 강아지를 가볍게 도와주는 것이 허용되지만 교육 중에는 만지지 않는 것이 좋다.

'ㅅㅓ' 가르치기

'서' 자세는 CGC 시험에 필요하지 않지만 생활에 유용하므로 교육에 포함하였다. 빗질, 발 닦아줄 때, 병원 진료 시에 얌전히 서 있으면 상당히 편리하다. 강아지의 크기에 따라 보호자가 서거나, 한쪽 무릎이나 양쪽 무릎을 바닥에 대고 앉거나, 강아지를 테이블 위에 올려놓는다. 방어(공격)욕구가 낮은 강아지에게 보호자가 거대하게 보이면 도망갈 수 있으므로 주의한다.

보호자 왼쪽에 강아지를 앉게 하고 같은 방향을 향한 상태에서 보호자의 어깨를 정면으로 향한다. 왼손을 강아지의 복부 아래에 놓고 '서' 실행어와 함께 왼손 등으로 강아지의 뒷무릎 관절부위를 자극한다. 손은 그 상태로 가만히 놔둔다. 10초 후 칭찬하고 'Free' 한다.

강아지가 설 때 앞발을 잘 보아야 한다. 앞발이 제자리에서 앞으로 움직이면 안 된다. 교육할 때마다 1분 동안 자세를 유지한다. 강아지가 움직이면 바로 잡아준다. 이 교육은 '앉아'와 '엎드려' 교육과 동시에 진행할 수 있다. 강아지의 자세가 안정적이면 서 있는 자세를 취하게 한 후 뒷무릎 관절부위의 왼손을 뗀다. 이 자세로 1분 동안 유지한다.

03 '동행'

CGC 시험은 보호자가 강아지를 인도하며 동행할 수 있는 능력을 평가한다. 강아지는 견줄을 당기지 않고 보호자와 안정된 상태로 걸어야 한다. 또한 3명 이상의 사람과 1두의 강아지 곁을 평온히 지나가는 것으로 공공장소에서 양호한 동행능력을 보여야 한다.

평상시 산책을 자주 하지 않아도 강아지에게 동행요령을 가르치는 것은 중요하다. 병원에 갈 때 강아지가 캥거루처럼 날뛰는 것보다 편안하게 걷는 것이 좋다. 산책할 때에도 보호자와 강아지가 신선한 공기를 맞으며 여유를 가질 수 있도록 강아지가 줄을 당기지 않아야 한다.

견줄 적응

강아지가 견줄을 당기지 않고 걷는 동작은 목줄과 견줄에 익숙해지는 것부터 시작한다. 천이나 가죽으로 된 길이를 조절할 수 있는 목줄과 1.8m 견줄을 준비한다. 목줄은 잘 맞지만 불편하지 않아야 한다.

목줄을 채우고 강아지의 반응을 살핀다. 대부분의 강아지는 목줄에 별로 신경을 쓰지 않지만 일부는 초기에 긁기도 한다. 강아지가 목줄에 익숙해지면 목줄에 줄을 매 땅에 끌며 돌아다니게 한다. 줄이 걸리면 도와주고, 강아지가 줄에 더 이상 신경을 쓰지 않게 되면 줄 끝을 잡고 따라다닌다.

이제 보호자와 같이 걷는 요령을 가르친다. 처음엔 견줄을 가이드로 사용하여 보호자를 따르게 하면서 시작부터 끝까지 칭찬과 간식으로 포상한다.

견줄이 느슨한 상태로 걷기

강아지의 행동을 예상하기 위해 성격 프로필을 점검한다. 강아지의 무리욕구가 다른 욕구보다 높으면서 60 이상이면 이 과정은 순조롭게 진행된다. 그러나 음식욕구가 다른 욕구보다 높으면 냄새나 움직이는 사물에 주의가 분산된다. 이를 해결하려면 간식을 이용한다. 그러나 간식에 대하여 지나치게 흥분하는 강아지는 간식이 오히려 방해가 된다. 이런 경우는 간식을 아예 사용하지 않는 것이 좋다. 보호자는 강아지에 대한 통제능력과 음식욕구 사이에서 균형을 찾아야 한다.

목줄과 1.8m 견줄 그리고 간식이 필요하다. 실행어는 '이름, 가자[7]'

7 '따라' 가 일반적 표현이지만 반려견 의미를 고려하여 대체

이다. 강아지의 이름을 불러 주의를 끌고 그 후에 실행어를 사용한다. 실행어를 내린 후 힘차게 걷기 시작한다. 보호자의 걸음속도는 강아지의 따라오는 동작과 밀접한 관계가 있으므로 주의를 끌 수 있을 정도로 빨리 걷는다.

보호자는 정지했을 때 강아지에게 어떤 자세를 요구할 것인지 정해야 한다. CGC 시험에서는 특정한 자세를 강요하지 않지만 '앉아' 자세가 바람직하다. 정지 시 '앉아' 자세는 보호자와 강아지가 같은 방향을 향하여 나란한 상태여야 하고 강아지가 보호자에게 기대지 않아야 한다.

강아지가 모르는 사람이나 다른 개에게 방해를 받지 않고, 직경 9m의 원을 그릴 수 있는 장소를 택한다. 보호자 왼쪽에 앉게 하고 견줄은 보호자 오른쪽 어깨에 걸어놓는다. 강아지를 왼쪽으로 데려올 필요가 없는 한 견줄은 만지지 않는다. '이름, 가자' 하고 몸을 똑바로 세운 상태로 힘차게 출발한다. 강아지가 보호자의 왼쪽에서 따르면 칭찬하고, 보호자 앞으로 가면 멈추거나 방향을 바꾼다.

원을 오른쪽으로 돌아 강아지가 원 바깥쪽에 있게 한다. 강아지가 보호자 왼쪽에서 따를 때마다 칭찬과 간식으로 포상한다. 강아지에게 자신이 어디에 있어야 하는지와 줄을 당기지 않아야 한다는 것을 가르친다. 초기 목표는 줄을 당기지 않고 10걸음을 걷는 것이다. 줄이 느슨한 상태로 30걸음을 갈 수 있을 때까지 연습한다. 멈출 때는 '앉아'를 요구한다. 그 후엔 60걸음을 걷는다.

강아지의 무리욕구는 낮지만 음식욕구가 높을 때 간식을 사용하면 효과적이다. 간식은 암시와 포상 2가지 효과를 가진다. 암시는 강아지가 보호자에게 음식이 있다는 사실을 알고 행동하도록 한다. 포상은 강아지의 행동 결과를 안정적으로 강화시킨다. 보호자가 원하는 행동을 이끌어내기 위하여 암시를 쓰고 보호자가 의도하는 행동을 강아지가 표현하면 포상한다.

포상은 무작위로 사용할 때 효과가 크다. 강아지는 간식을 받기 위하여 행동하므로 너무 많이 주거나, 주지 않으면 행동을 안 할 수 있다. '이름, 가자' 하고 말하면서 앞으로 몇 걸음 이동 후 간식을 준다. 강아지를 앉게 하고 다시 시작한다. 강아지가 보호자에게 집중하면서 옆에 따르도록 간식을 잘 사용한다.

보호자가 간식을 줄 때 상체가 왼쪽으로 돌려져 뒤를 향하게 되면 강아지에게 혼동을 준다. 보호자의 자세는 '뒤에 있어'라고 하면서 간식은 '내 옆에 있어'라고 하기 때문이다. 그러므로 보호자는 왼쪽 어깨가 앞으로 향하도록 주의한다.

보호자는 강아지에게 자신의 옆에서 따르는 동작을 가르친다는 사실을 기억하고 그 행동에 대하여 정확히 포상한다. 흔한 실수로 보호자 옆에 앉을 때까지 기다린 후 간식을 주는 것은 '앉아'를 가르치는 것이지 보호자 옆에 따르는 것을 가르치는 것이 아니다.

출발과 정지 사이의 걸음 수를 2걸음씩 지속적으로 늘려 30걸음까지 늘린다. 강아지가 간식에 흥미를 잃으면 수업을 중단한다. 간식에 흥미를 전혀 보이지 않으면 어깨 위에 견줄을 놓는 방법으로 교육을 진행한다.

강아지의 음식욕구가 높고 방어(공격)욕구 또한 높으면 간식으로 포상하는 것은 좋은 방법이 아니다. 강아지가 흥분해 보호자에게 달려드는 행동이 나타날 수 있다. 강아지가 우세해져 리더가 될 수 있으므로 교육목표와 반대되는 결과가 나올 수 있다. 하지만 간식을 가끔 사용하는 것은 괜찮다.

방향 전환

강아지가 원을 따라 동행하는 동작을 습득한 후에는 방향을 전환한다. CGC 시험에는 좌회전, 우회전, 오른쪽 유턴이 포함되어 있다.

강아지는 보호자에게 집중한 상태로 움직임과 보속 변화에 즉시 응하는 모습을 보여주어야 한다. 좌회전 시에는 강아지에게 비키는 것을 가르쳐 서로 걸려 넘어지지 않아야 한다. 회전하기 전 견줄을 뒤로 당기고 회전한 다음에 견줄을 놓아주는 방법을 쓴다. 강아지가 보호자에게 주목하고 있으면 몇 번의 연습으로 보호자가 회전할 때 나타나는 몸동작을 배울 수 있다. 견줄을 뒤로 당기지 않고 좌회전할 수 있을 때까시 연습한다. 우회전과 유턴은 회전하기 직전에 쾌활한 음성으로 이름을 불러 보호자 옆에서 근거리로 돌도록 한다.

강아지는 방향전환 교육 시 보호자에게 집중한 상태에서 보호자의 행동 변화에 정확하게 반응해야 한다. 보호자가 좌회전을 했는데 강아지와 부딪히거나, 우회전이나 유턴할 때 강아지가 멀어지는 것은 보호자에게 집중하지 않기 때문이다.

군중 사이 이동

강아지가 줄이 느슨한 상태로 동행하는 요령과 방향전환에 익숙해지면 주의력을 분산시키는 요인이 있는 장소에서 교육한다. CGC 시험에서는 3명 이상의 사람 사이를 이동하는 동작으로 공공장소에서 행동능력을 평가한다.

지금까지 자극요인이 적은 조용한 뒷마당 같은 곳에서 교육을 진행했다면 모르는 사람이나 개들이 있는 장소를 찾는다. 다중공간에서의 교육은 사람이 적을 때 시작하여, 점차 번잡한 시간대로 전환한다. 보호자는 강아지가 자신에게 주목하고 반응하는지 유의한다. 다른 사람에게 관심을 보이고 견줄을 당기면 보호자에게 주목하게 한 후 포상한다.

환경에 적응하는 정도에 따라 수준을 높인다. 낯선 사람 옆으로 지나가면서 강아지의 반응을 살핀다. 약간의 관심은 보일 수 있지만 수줍어하거나 경계심을 가지지 않으면서 견줄을 당기지 않고 지나가야 한다. 강아지가 보호자의 움직임에 주의를 기울이도록 자극하고 칭찬한다.

보호자는 강아지의 심리를 자극하는 요인들이 어느 정도 영향을 미치는지 파악한다. 어떤 강아지는 옆에 있는 사람에게 전혀 관심이 없지만, 다른 강아지는 정신을 온통 빼앗겨 동요하는데 이는 그들의 욕구 종류와 강도가 다르기 때문이다.

강아지에게 생소한 사람보다 훨씬 더 크게 자극하는 것은 다른 개, 특히 풀려 있는 개들이다. 교육초기에는 다른 개가 나타나면 진행에 큰 차질이 발생하므로 이런 상황이 발생하지 않을 장소를 찾는 것이 중요하다.

강아지가 보호자 왼쪽에서 편안하게 걷는 동작은 보호자의 리드능력을 보여주는 것과 동시에 다른 사람이나 개들이 함께 있을 때 유용하다. 하지만 많은 보호자들은 강아지와 산책할 때 운동에 중점을 두고 강아지가 견줄을 당기거나 다른 행동을 하는 것에 너그러운 경향이 있다. 강아지들은 산책할 때 보통 다른 개의 흔적 냄새를 맡으며 보호자를 앞서 나간다. 이는 강아지의 즐거움이 보호자와 동반하는 것에 있지 않고 냄새를 맡는 것에 있는 것이므로 이런 상태에서 강아지가 보호자 옆에 동행하기를 바라는 것은 모순이다.

이럴 때는 '이름, 가자' 하고 걷기 시작한다. 강아지가 줄을 당기면 '워워' 하고 말하며 멈춘다. 강아지는 보호자를 돌아보고 몇 걸음 후 돌아온다. 다시 '가자' 하고 걸으며 줄이 당겨질 때마다 '워워' 하며 멈춘다. 이 과정을 반복하면 강아지는 줄을 당기는 것이 보호자를 멈추게 만든다는 사실을 배우고 줄을 당기지 않게 된다.

'와'

기본원칙

보호자의 부름에 강아지가 오는 동작은 CGC 시험과 일상에서 매우 중요하다. 강아지와 생활하면서 큰 즐거움 중 하나는 공원에서 강아지를 풀어준 후 부르면 신속하고 경쾌하게 오는 것이다. 보호자가 부를 때 오지 않는 강아지는 견줄의 포로가 되고, 다른 사람과 개에게 매우 위험한 상황을 초래한다. 보호자가 부를 때 오지 않으면 그 강아지는 없는 것과 같다. 다음은 강아지에게 '와'를 가르치는 방법이다.

운동, 운동, 운동이 답이다

보호자가 부를 때 강아지가 오지 않는 큰 이유 중 하나는 평소에 운동량이 부족한 결과이다. 그런 강아지들은 기회가 생기면 뛰쳐나가 최대한 에너지를 쏟아낸다. 강아지는 매일 아침 활동에너지를 새롭게 가지고 일어난다. 이 에너지가 소비되지 않으면 다른 행동으로 변질되어 무의미한 짖음, 씹는 행동, 땅 파기, 자해 그리고 불러도 오지 않는 것으로 나타난다. 견종의 특성은 강아지가 어느 정도의 운동이 필요한지 알려주는 정보이다. 마당에서 뛰어노는 것으로 운동량이 충분한 강아지는 별로 없다. 그리고 보호자도 동참하는 것이 좋다.

강아지가 보호자에게 올 때마다 친근하게 대해준다

강아지가 보호자에게 오지 않도록 가르치는 가장 좋은 방법은 강아지를 부른 후 다가왔을 때 벌을 주거나 불쾌하게 하는 것이다. 많은 강아지들은 목욕이나 약 먹기를 싫어한다. 보호자는 이런 경우 강아지를 부르지 말고 가서 데려와야 한다. 보호자가 고의 아니게 오지 않는 것을 가르치는 또 다른 예로 공원에서 놀다가 집에 돌아가기 위해 강아지를 부르는 것이다. 이것이 반복되면 강아지는 '놀 시간이 끝났다.'라는 것을 배우게 된다. 머지않아 강아지는 보호자가 부를 때 더 놀고 싶어 오지 않게 된다. 이와 같은 문제를 방지하려면 놀고 있는 강아지를 불러서 어떨 때는 간식을 주고, 어떨 땐 쓰다듬어 준 후 다시 놀게 해준다.

나이와 상관없이 입양한 후 즉시 '와'를 가르친다

'와'를 가르치기에 가장 좋은 시기는 어릴 때 입양 후 바로 시작하는 것이다. 다만 4~8개월의 강아지는 집 밖에 큰 세상이 있다는 것을 깨닫는 시기이므로 강아지를 견줄에 채워 교육함으로써 보호자가 부를 때 무시하지 않도록 한다.

자신이 없을 때는 견줄을 채운다

강아지가 오지 않을 것 같은 상황을 파악한다. 강아지가 고양이나, 다른 개, 조깅하는 사람을 발견하고 뛰어간 후에 부르는 것은 강아지의 운명을 시험하는 것과 같다. 또한 다른 개가 갑자기 튀어나오면 강아지를 놓칠 수 있다. '와'를 수십 번 외쳐 보호자가 완전히 바보가 되는 상황을 피한다. 강아지는 줄이 풀렸을 때 '와'를 외치면 외칠수록 보호자를 무시하는 것을 더 빨리 배운다. 보호자는 인내심을 가지고 강아지에게 다가가 줄을 채워 조용히 데려온다. 줄을 맨 후에는 화를 내지 않는다. 화를 내면 보호자가 무서워 더 멀리 도망가게 된다.

'와' 게임

1단계

실내에서 강아지에게 견줄을 채우고 보호자와 보조자가 2m 떨어져 마주보고 선다. 보조자가 강아지를 데리고 있는 상태에서 보호자는 '이름, 와' 하고 부른다. 간식을 주고 신나게 칭찬한다. 이제 보호자가 강아지를 데리고 있고 보조자가 '이름, 와' 하며 강아지를 부른다. 포상한다. '와' 실행어에 자발적으로 행동하도록 한다.

2단계

견줄을 푼 채 1단계를 반복한다. 보호자와 보조자의 거리를 4m까지 점차로 늘린다.

3단계

보조자는 보호자가 다른 방에 숨을 때까지 강아지를 데리고 있는다. 보호자가 숨은 후 강아지를 부른다. 강아지가 보호자를 찾아오면 포상한다. 강아지가 찾지 못하면 보호자가 숨어 있는 곳으로 데리고 간다. 보호자가 포상한다. 이제 보호자와 보조자가 역할을 바꿔 진행한다. 보호자 또는 보조자가 부를 때 주저하지 않고 찾아가도록 한다.

실외 교육

울타리가 있는 마당, 테니스장, 운동장 같은 한정된 공간에서 1, 2, 3단계를 반복한다. 이제 보호자 혼자 교육한다. 강아지를 한정된 장소에 풀어놓고 모른 체한다. 강아지가 보호자에게 관심이 없을 때 부른다. 강아지가 보호자에게 오면 즐거워하며 크게 포상한다. 강아지가 오지 않으면 다가가서 불렀던 장소로 데려와 포상한다. 보호자가 부르면 올 때까지 반복한다. 일단 학습되면 간헐적으로 포상한다.

주의력 분산자극 추가

다른 개, 어린이, 조깅하는 사람, 음식 또는 낯선 사람과 같은 주의력을 분산시키는 자극이 있는 상황에서 보호자가 부를 때 즉시 오는 교육을 실시한다. 강아지의 관심을 유발하는 요인이 많은 조건에서 연습한다.

견줄 채운 상태

강아지에게 3m 견줄을 채우고 강아지가 좋아하는 것이 있는 장소로 간다. 강아지가 그것에 집중하고 있을 때 '이름, 와' 한다. 실행어를 무시하면 줄을 당겨 오게 한다. 신나게 칭찬하고 크게 포상한다. 강아지가 보호자의 부름에 즉시 응하도록 한다.

다양한 자극이 있는 장소에서 앞 과정을 반복한다. 타인이 강아지에게 음식을 주거나(음식을 먹으면 안 된다) 만져주는 조건을 설정하여 교육한다. 강아지가 자극요인에 몰입된 상태에서 보호자의 부름에 즉시 응하도록 한다.

견줄 푼 상태

다른 개나 사람들이 없는 장소로 강아지를 데려간다. 줄을 풀어주고 보호자가 강아지와 3m 정도의 간격을 유지한다. 강아지가 풀이나 나무 냄새를 맡고 있을 때 부른다. 보호자에게 오면 신나게 칭찬한다. 강아지가 오지 않을 때 다시 부르고 싶은 유혹을 참는다. 강아지는 보호자의 말이 들렸지만 무시한 것이다. 그 대신 강아지 뒤로 천천히 걸어가 줄을 채워 보호자가 불렀던 장소로 빠른 걸음으로 되돌아와 칭찬한다. 보호자가 불렀을 때 즉시 올 때까지 교육한다.

강아지의 행동에 믿음이 갈 때 다양한 자극이 있는 곳에서 시도한다. 강아지의 행동이 불완전하면 3m 견줄을 맨 상태에서 연습한다. 강아지가 복잡한 장소에서 '와' 동작을 수행하는 것은 보호자의 노력과 주어진 자극의 종류와 강도에 따라 달라진다. 보호자가 강아지의 흥미를 유발하는 요인이 무엇인지 파악하는 것은 강아지의 행동을 예상하는 데 큰 도움이 된다. 자신이 없거나 불확실할 때는 줄을 매는 것이 지혜롭다.

이리와

주의력 분산자극 적응

CGC 적용

CGC의 중요한 목적 중 하나는 사람과 강아지가 같은 공간에서 생활할 때 보호자의 강아지에 대한 리드능력이다. 따라서 강아지는 실제적인 환경에서 '앉아' 또는 '가자'와 같은 동작을 수행할 수 있어야 한다. 주의력 분산자극에 대한 적응능력은 10개의 CGC 항목에서 대부분 관계가 있다.

미지인의 접근에 대한 긍정적 수용

강아지가 낯선 사람이 보호자에게 다가오는 것을 수용해야 한다. 심사위원이 강아지에 무관심한 채 보호자에게 다가와 인사를 나눈다. 강아지는 그들이 악수하고 안부를 주고받는 동안 경계심이나 수줍음을 나타내지 않아야 하고 심사위원에게 다가가거나 휴식자세를 취하면 안 된다.

미지인의 접촉에 대한 긍정적 수용

강아지는 미지인의 접촉을 수용해야 한다. 강아지는 심사위원이 머리와 몸을 만질 때 보호자 왼쪽에 앉은 상태에서 수줍음이나 경계심을 보이지 않아야 한다. 심사위원은 강아지와 보호자 주위를 한 바퀴 돌고 평가를 마친다.

미지인에 의한 그루밍 수용

미용사나 수의사가 몸을 만지는 것을 수용해야 한다. 심사위원은 강아지가 깨끗하고 잘 관리되어 있는지 검사한다. 심사위원은 보호자가 아닌 다른 사람의 접촉에 대한 강아지의 상태를 파악하기 위해 빗질을 가볍게 한다. 심사위원은 강아지의 귀를 검사하고 양쪽 앞발을 하나씩 들었다 놓는다. 많은 강아지들이 이 과정을 싫어하므로 미지인이 앞발을 만지는 연습을 많이 한다.

군중 사이 이동

강아지가 다른 개와 사람들이 있는 공공장소에서 적절하게 행동할 수 있는 능력을 보여 주어야 한다. 강아지는 다른 사람에게 약간의 관심을 보일 수 있지만 날뛰거나 수줍어하거나 경계심을 보이지 않으면서 보호자와 계속 걸을 수 있어야 한다. 강아지는 당연히 견줄을 당기지 않아야 한다.

타견에 대한 긍정적 수용

강아지가 다른 개들 앞에서 평온해야 한다. 강아지를 데리고 있는 2명의 보조자가 9m 정도 떨어진 거리에서 다가와 보호자와 악수하고 안부 인사를 한 뒤 5m 정도 걸어간다. 이 과정은 강아지의 본능을 자극하므로 상당히 어렵지만 '기다려'에 대한 교육이 튼튼하면 큰 문제가 되지 않는다.

환경자극에 대한 적응

강아지의 시각과 청각을 자극하는 요인에 적응력을 가져야 한다.

- 강아지 앞에서 목발, 휠체어 또는 워커를 이용하여 걸어오는 사람
- 강아지 앞에서 달려오는 사람
- 강아지 3m 이내로 장난하거나 흥분한 목소리로 말하며 지나가는 사람들
- 강아지 3m 이내로 카트를 밀고 접근하는 사람
- 강아지 2m 이내로 자전거를 타고 오는 사람
- 강아지 근처에서 갑자기 문을 열거나 닫음
- 강아지 3m 뒤에서 큰 책을 떨어뜨림
- 강아지 2m 이내에서 의자를 넘어뜨림

강아지가 관심이나 호기심을 보일 수 있지만 당황하거나, 겁을 먹어 도주하거나, 짖거나, 물면 안 된다. CGC 항목들은 강아지가 새로운 장소와 사람, 다른 개에 노출되어야 하는 점에서 자극요인을 가지고 있다. 강아지의 자세는 '앉아', '기다려'를 기본자세로 사용하는 것이 좋다. 이는 실용적이고 강아지가 보호자에게 집중할 수 있는 능력을 만들어 주기 때문이다.

교육방법

보호자 단독 교육

강아지에게 '앉아', '기다려' 하고 보호자가 다양한 동작을 취한다. 강아지가 왼쪽에 앉은 상태에서 '기다려' 하고 1m 전방으로 이동한다. 그리고 오른쪽으로 한 걸음 간다. 강아지가 움직이거나 움직이려고 하면 '기다려'를 요구한다. 가운데로 한 걸음 돌아온 후 왼쪽으로 한 걸음 갔다 돌아오고, 앞으로 뒤로도 한 번씩 이동한다.

이것은 강아지에게 움직이고 싶은 유혹을 받아도 움직이지 않는 것을 가르친다. 강아지는 보호자의 움직임에 고정된 자세를 유지해야 한다. 강아지가 움직일 수 있다는 생각이 들 때마다 '기다려'를 요구한다. 오른쪽, 왼쪽으로 다양하게 이동하는 동작으로 한 세션을 마치고 강아지 옆으로 돌아와 잠시 기다린 후 포상하고 'Free' 한다. 이어서 이 과정을 보호자가 점프하면서 교육한다. 다음은 강아지 앞에서 손뼉을 치며 '앉아', '기다려' 한다. 처음에는 조용히 나중에는 신나게 한다. 강아지가 안정된 자세를 유지하면 박수와 환호성 등을 더하여 자극한다.

보조자와 교육

강아지가 보호자의 움직임에 유혹되지 않으면 다른 자극을 추가한다. 이 교육은 보조자가 필요하다. 강아지를 왼쪽에 '앉아' 하고 같은 방향을 향한다. 강아지에게 '기다려' 한 상태에서 보조자가 왼쪽 2m에서 45도 각도로 접근한다. 보조자는 위협적이지 않은 태도로 손을 내밀며 지나간다. 강아지가 가만히 있으면 칭찬 후 'Free' 한다. 강아지가 일어서려고 하면 '기다려' 한다.

이 교육의 성과는 보조자에 따라 달라진다. 강아지의 행동은 보조자가 얼마나 가까이 다가왔는가에 결정된다. 강아지가 보조자의 접근에 예민한 반응을 보였다면 강아지로부터 60cm 정도 간격을 유지한 채 강아지에게 무관심한 태도로 지나친다. 강아지가 이 과정에 익숙해지면 보조자는 간식을 든 채 강아지와 눈을 마주치지 않고 지나간다. 강아지가 간식을 먹든지 말든지 상관하지 않는다. 중요한 것은 강아지의 태도이다.

강아지가 이 과정에 문제가 없으면 보조자가 지나가며 간식을 주고 머리를 만진다. 강아지와 눈은 마주치지 않고 그냥 옆으로 지나간다. 보조자는 점차 강아지를 만져줄 때 눈 맞춤을 시도한다.

이 과정의 궁극적인 목적은 강아지가 낯선 사람의 접근과 만져주는 것을 수용하도록 하는 것이다. 많은 개들에게 이 과정이 특별히 어렵지 않지만 교육은 필요하다. 미지인에 의한 그루밍도 비슷하다. 강아지가 낯선 사람이 만져주는 것을 수용하면 시작한다. 보조자가 보호자와 함께 강아지 옆이나 앞에서 가볍게 빗질한다. 보조자가 강아지의 귀를 검사하고 앞발을 하나씩 들어본다. 이 과정에 어려움이 있으면 보조자가 앞발을 들 때마다 간식을 준다. 칭찬과 간식으로 앞발을 만지는 것을 수용할 수 있도록 교육한다.

강아지들은 '성격 프로필'에 따라 주의분산자극에 대한 반응이 다르므로 개체별로 적합한 수준으로 진행해야 한다. 어떤 강아지는 가볍게 넘기는 반면 다른 강아지는 적응하는 데 많은 시간이 필요하다. 이 과정에 가장 중요한 기반은 '앉아', '기다려' 자세이다.

보호자와 격리

이 시험은 주의를 분산시키는 자극이 직접적으로 제시되지 않지만 전반적으로 영향을 미친다. 강아지는 모르는 사람과 남겨진 상태에서 안정된 태도를 보여야 한다. 보호자가 심사위원에게 줄을 주면 심사위원이 강아지를 돌본다. 경우에 따라 옆에서 시험을 보거나, 걸어 다니는 다른 개가 있을 수 있다. 이때 강아지는 짖거나, 코를 킁킁거리거나, 울거나, 걷거나, 흥분하면 안 된다.

시험은 줄을 채운 강아지를 심사위원에게 넘겨주고 보호자가 강아지에게 '앉아' 또는 '엎드려' 자세를 취한 상태에서 3분 동안 숨는다. 강아지는 보호자가 돌아올 때까지 그 자세를 유지할 필요는 없지만 소리를 내거나 불필요한 움직임을 보이지 않아야 한다. 이 과정은 강아지를 한 곳에서 기다리게 하는 '엎드려', '기다려' 교육으로 가능하다.

생소한 환경

CGC 시험에 합격하려면 다양한 장소에서 교육하는 것이 중요하다. 강아지는 집처럼 익숙한 환경에서는 행동을 잘 하지만 다양한 자극이 있는 생소한 장소에서는 당황하고 불안한 모습을 보일 수 있다. 어떤 보호자는 자신의 강아지가 공공장소에서 망신을 줄까 걱정한다. 하지만 이는 강아지를 다양한 환경에서 교육하면 걱정할 것 없다. 중요한 것은 새로운 장소에서 한 번의 수업이 집에서 몇 번의 수업보다 효과가 더 크다는 사실이다.

◎ 보호자는 반려견과 모든 사람들의 안전을 위한 책임의식을 가져야 한다.
◎ 교육을 받은 반려견은 사랑받는다.
◎ 강아지 교육에 마법이 있다면 그것은 일관성이다.
◎ 개의 사회에는 리더가 반드시 존재한다. 보호자 아니면 반려견이다.
◎ 보호자가 반려견을 부를 때 오지 않으면 없는 것과 같다.

CHAPTER 04

교육 프로그램

1주

과제	교육방법
리더십	보호자가 강아지 옆에 있는 상태에서 30분 '엎드려' 자세를 교육한다. '엎드려' 할 때는 항상 실행어를 사용한다. 30분 후 강아지가 잠들어 있어도 'Free'라는 실행어로 놓아준다. 1주에 3회 실시한다. 강아지가 일어나려 하면 더 많은 교육이 필요하다.
앉아	'앉아' 자세를 간식으로 유도한다. 강아지가 동작을 취하면 포상하되 손으로 만지지 않는다. '엎드려'와 함께 연습한다.
엎드려	'엎드려' 실행어와 함께 간식으로 유도하여 자세를 취하게 한다.
서	왼손으로 강아지의 뒷다리 관절 앞쪽을 자극하여 세운다. 강아지가 앉아 있는 상태에서 설 때는 앞발이 제자리에 있어야 한다. 1분 동안 서 있는 자세를 연습한다. 자세를 유지하는 동안 칭찬하고 'Free' 한다. 칭찬은 움직이는 것과 다르다는 점을 기억한다. 이것은 단지 강아지에게 '잘하고 있다, 열심히 해'와 같은 의미이다.
동행	견줄을 오른쪽 어깨에 올린 상태로 오른쪽으로 커다란 원을 돌며 연습한다.'이름, 가자' 후 빠르고 경쾌하게 걷기 시작한다. 강아지가 보호자로부터 멀어지면 견줄을 당겨 보호자 왼쪽으로 다시 오게 한 후 견줄을 놓는다. 강아지가 보호자 옆에 있을 때와 보호자를 쳐다볼 때마다 포상한다. 보호자가 멈출 때마다 '앉아'를 요구한다. 강아지가 보호자의 옆에서 견줄을 잡지 않은 상태로 잘 걷도록 한다.
와	실내에서 '와' 게임을 1단계부터 3단계까지 진행한다.

※ 리더십 교육은 반려견에게 반드시 필요하다. 이는 강아지가 보호자를 리더로 받아들여 생애 내내 순조롭게 작용한다.

2주

과제	교육방법
리더십	보호자는 강아지 옆 의자에 앉은 채 '30분 엎드려'와 '10분 앉아'를 격일로 실시한다. 강아지가 일어나거나 움직이려고 하면 제자리로 돌려놓는다.
앉아	'앉아'라고 말하며 간식으로 자세를 유도한다. 앉으면 포상한다. 10초 후 'Free' 한다.
기다려	오른손 바닥을 강아지 코 앞에 대는 동작으로 '기다려' 하고 오른쪽으로 한걸음 이동하고 10초 후 돌아와 줄을 놔주며 칭찬한다. 강아지 앞에 서서 반복한다. 강아지가 움직이면 다시 제자리로 돌린다. 보호자는 움직이지 않아야 한다. 강아지가 30초 동안 움직이지 않도록 한다.
엎드려	'엎드려' 실행어와 함께 간식으로 유도하여 자세를 요구한다. 강아지가 엎드리면 포상하고 10초 후 'Free' 한다.
서	강아지를 세우고 왼손을 뒷다리 관절에서 뗀다. 1분 동안 자세를 유지한다. 움직이면 자세를 다시 잡아준다. 1분 후 칭찬하고 5초 후 'Free' 한다.
동행	견줄을 잡지 않고 30보를 걷는다. 멈출 때마다 '앉아'를 요구한다. 강아지가 올바르게 걸을 때마다 칭찬한다.
와	울타리가 있는 실외에서 '와' 게임을 연습한다.

3주

과제	교육방법
리더십	보호자가 실내 한쪽에 앉아서 '30분 엎드려'와' 10분 앉아'를 격일로 교대하여 연습한다. 강아지가 일어서거나 움직이면 다시 제자리로 돌려놓는다.
앉아	강아지를 접촉하지 않고 실행어에 앉게 한다. 자세를 취할 때마다 간식을 준다.
기다려	강아지를 왼쪽에 앉게 한 상태에서 '기다려'를 요구한다. 보호자가 1m 앞으로 이동한다. 10초 후 돌아와 칭찬하고 잠시 후 'Free' 한다. 1분간 '앉아' 자세를 취하도록 한다.
엎드려	강아지의 줄을 만지지 않고 '엎드려' 한다. 올바른 자세를 취할 때마다 포상한다.
서	강아지가 움직이면 자세를 다시 잡아준다. 강아지가 1분 동안 '서' 자세를 유지하도록 한다.
동행	견줄을 잡지 않고 큰 원을 한 바퀴 걸을 수 있어야 한다. 멈출 때마다 말없이 '앉아' 자세를 요구한다. 강아지가 앉으면 칭찬한다. 강아지가 앉지 않으면 앞으로 한걸음 이동 후 '앉아'를 요구한다.
와	3m 줄을 채우고 주의를 분산시키는 자극요인이 있는 곳에서 교육한다. 강아지가 올 때마다 칭찬과 간식으로 포상한다.

4주

과제	교육방법
리더십	보호자가 실내에서 움직이면서 '30분 엎드려'와' 10분 앉아'를 연습한다. 강아지가 일어서거나 움직이면 원위치 시킨다.
앉아	'앉아' 자세 수행에 무작위로 포상한다.
기다려	견줄을 채운 상태로 강아지 2m 앞에서 연습한다. 초기에는 10초 후 돌아와 기다렸다가 칭찬하고 'Free' 한다. 시간을 1분으로 조금씩 늘린다.
엎드려	올바르게 동작을 수행하면 무작위로 포상한다.
서	1분 동안 서 있는 자세를 유지한다.
동행	방향전환을 시작한다. 좌회전 시에는 견줄을 뒤로 당기고, 우회전과 U턴 시에는 이름을 즐겁게 불러 보호자 곁에 근접하게 한다. 보호자의 도움 없이 보호자와 근접한 상태로 방향을 바꾸게 한다.
미지인 접근	강아지를 왼쪽에 앉게 하고 '기다려'를 요구한다. 보조자가 친근하게 다가와 보호자와 인사한다.
와	주의력 분산자극과 함께 연습한다.

5주

과제	교육방법
앉아	'앉아' 자세에 무작위로 포상한다.
기다려	강아지에게 견줄을 맨 상태에서 보호자가 강아지 근처에서 크게 움직이며 유혹한다.
엎드려	강아지의 '엎드려' 행동에 무작위로 포상한다.
서	강아지를 서게 한다. 보호자가 앞으로 이동하고 10초 후 돌아와 칭찬하고 잠시 후 'Free' 한다. 강아지가 1분 동안 서 있어야 한다.
동행	주의력 분산자극이 어느 정도 있는 곳에서 연습한다. 보호자가 'Free' 하기 전 강아지는 30초 동안 보호자를 주시해야 한다.
미지인 접근	강아지가 이 항목에 문제가 있으면 복습한다.
와	견줄을 채우고 주의력 분산자극이 있는 곳에서 연습을 계속한다. 무작위로 포상한다.

6주

과제	교육방법
앉아	지난주 과정을 복습한다. 처음에 박수를 추가하고 후에 환호성도 추가한다. 6m 줄에 채우고 '앉아, 기다려' 후 3m 앞으로 이동하여 10초 후 돌아오는 것을 연습한다.
엎드려	'엎드려, 기다려'를 연습한다. '보호자와 격리' 항목을 시작한다. 초기에는 15초 동안 숨은 후 돌아온다. 1분간 숨은 후 돌아올 때까지 안정된 태도를 유지해야 한다.
서	지난 주 '앉아, 기다려'에서 진행한 보호자의 자극을 교육한다. '미지인의 접촉에 대한 긍정적 수용'을 시작한다. 보호자가 강아지 옆에 있고 보조자가 강아지를 빗질한다.
동행	낯선 사람 곁을 문제없이 지나가는 과정을 교육한다. 보호자에게 주목하는 것을 연습한다. 강아지를 보호자 왼쪽에 앉게 하고 '기다려'를 요구한다. 보조자가 친근하게 다가와 악수하고 안부를 묻는다. 강아지가 보호자 곁에 '앉아' 있는 동안 집중해야 하고 보조자와 악수하기 전에 '기다려'를 요구한다. 강아지가 움직이면'기다려'를 요구한다.
미지인 접근	5주 과정을 복습한다.
와	강아지를 6m 줄에 채우고 '앉아, 기다려' 후 2m 앞으로 이동한다. '이름, 와' 하고 부른다. 강아지가 보호자에게 오면 간식을 주고 칭찬한다.

7주

과제	교육방법
앉아	강아지를 6m 줄에 채우고 '앉아, 기다려' 후 6m 앞으로 이동하여 10초 후 돌아오는 과정을 연습한다. 강아지가 움직이면 제자리로 돌려놓는다.
엎드려	보호자가 3분 동안 숨는 과정을 완전히 숙달한다.
서	보호자가 움직이며 자극하는 과정을 연습한다. '미지인에 의한 그루밍 수용' 시험을 연습한다. 보호자가 강아지 옆에 있는 상태에서 보조자가 빗질과 귀를 검시한다.
동행	다양한 자극요인과 3명 이상의 낯선 사람 옆을 걷는다. 보호자에게 주목하도록 노력한다. '미지인에 대한 긍정적 수용' 시험을 복습한다. '타견에 대한 긍정적 수용' 시험을 위해 친근하고 통제되는 강아지를 가진 사람의 도움을 받는다.
와	강아지를 6m 줄에 채우고 '앉아, 기다려' 후 3m 앞으로 이동한다. '이름, 와' 하고 부른다. 강아지가 오면 간식을 주고 칭찬한다.

8주

과제	교육방법
앉아	강아지를 6m 줄에 채우고 '앉아, 기다려' 후 6m 앞으로 이동하여 10초 후 돌아오는 과정을 연습한다. 강아지가 움직이면 제자리로 돌려놓는다.
엎드려	'미지인 감독 하 대기' 시험을 연습한다. 4분 동안 숨는 과정을 연습한다.
서	주의력 분산자극 극복을 동시에 연습한다. '미지인에 의한 그루밍 수용' 시험을 연습한다. 보호자가 강아지 옆에 있고 보조자가 강아지를 빗질과 귀 검사 그리고 앞발을 하나씩 들어올린다.
동행	다양한 자극요인이 있는 곳에서 복습한다. 보호자에게 주목하도록 교육한다.
와	강아지에게 6m 줄을 채우고 '앉아, 기다려' 후 3m 앞으로 이동한다. '이름, 와' 하고 부른다. 강아지가 오면 포상한다.

CGC 보호자 서약서

나는 CGC 자격평가에 임하여 내 반려견의 건강과 안전 그리고 양질의 삶을 위하여 다음 사항에 동의한다.

□ **나는 내 반려견의 건강을 위하여 책임 있는 행동을 한다.**

- 양질의 음식과 신선한 물을 제공하여 적절한 영양상태를 유지한다.
- 운동 그리고 몸 관리 및 목욕을 정기적으로 실시한다.
- 감염성 질병 예방과 건강검진을 위한 수의사의 진료를 실시한다.

□ **나는 내 반려견의 안전을 도모한다.**

- 반려견을 식별할 수 있도록 목줄 또는 마이크로 칩에 정보를 기입한다.
- 위험한 환경에 방치하지 않으며, 공공장소에서 견줄을 착용시킨다.
- 반려견의 안전을 위하여 울타리를 설치한다.

□ **나는 내 반려견으로 인한 타인의 피해를 예방한다.**

- 반려견이 아이들과 함께 있을 때 관리감독을 철저히 한다.
- 반려견이 다른 사람들의 권리를 침해하지 않도록 한다.
- 반려견이 도망치는 것을 허락하지 않는다.
- 내 반려견의 짖음으로 다른 사람에게 피해를 주지 않는다.
- 다중장소 및 야지에서도 내 반려견의 배설물을 깨끗하게 처리한다.

□ **나는 내 반려견에게 양질의 삶을 제공한다.**

- 반려견에 대한 기본교육은 삶에 유익하다는 것을 인식하고 있다.
- 반려견에게 애정을 기울이고 놀이시간을 제공한다.
- 반려견과 생활하려면 시간과 배려가 전제되어야 한다는 사실을 인식한다.

20　　.　　.　　.

반려견 보호자 ______________________

저자 Jack Volhard

Volhard는 뉴욕에서 반려견과 함께 생활하는 애견인이면서 교육자이다. 그는 수십 년 동안 반려견과 효과적으로 소통하는 방법을 가르치고 있다. 미국, 캐나다, 영국 등 여러 나라에서 반려견 세미나와 캠프를 개최하고 있다. 그의 캠프에는 호주, 캐나다, 영국, 독일, 일본, 멕시코, 네덜란드, 뉴질랜드, 푸에르토리코, 싱가포르, 스위스 등 여러 나라에서 반려견 교육을 배우기 위하여 찾아온다. 그는 탁월한 능력으로 반려견 교육문화 발전에 기여해 왔고, 세계적인 '반려견 교육자의 스승'으로 알려져 있다. Volhard는 여러 저널에 수백 개의 기사를 썼으며 미국의 반려견 작가단체로부터 'MAXWELL AWARD WINNER'를 수상한 유명 작가이다. 1973년부터 30년 이상 AKC 심사위원으로 활동한 원로이다.

공저자 Wendy 여사도 반려견 작가단체로부터 수차례 수상했으며, 강아지의 성격 평가 시스템을 개발했다. 반려견의 건강을 위한 균형 잡힌 음식 조리법과 치료를 위한 자연요법을 연구하고 있다. 그녀는 미국 동물행동단체와 북미 야생동물재단 등에서 활동하고 있다.

편역자 김병부

애견훈련소, 관세청 탐지견센터, 군견훈련소에서 30년 이상 반려견과 특수목적견 훈련에 매진하고 있다. 견 훈련학(개 훈련원리와 적용), 애견 훈련학(IPO 훈련 이론과 실습), 군견운용을 저술하고 각종 저널에 100편 이상 투고하였다.

반려견 예절교육 —CGC(Canine Good Citizen)—

초판발행 2019년 4월 10일

지은이 Jack Volhard
옮긴이 김병부
펴낸이 노 현

편 집 박송이
기획/마케팅 김한유
표지디자인 김연서
제 작 고철민 · 조영환

펴낸곳 (주) 피와이메이트
서울특별시 금천구 가산디지털2로 53 한라시그마밸리 210호(가산동)
등록 2014. 2. 12. 제2018-000080호
전 화 02)733-6771
f a x 02)736-4818
e-mail pys@pybook.co.kr
homepage www.pybook.co.kr
ISBN 979-11-89005-41-2 03490

*이 책의 인세수입 전액은 동물보호를 위하여 기부됩니다.

정 가 9,500원

박영스토리는 박영사와 함께하는 브랜드입니다.